Premiere Pro
2023 实训教程

周贤 编著

U0377239

人民邮电出版社
北京

图书在版编目（ＣＩＰ）数据

Premiere Pro 2023实训教程 / 周贤编著. -- 北京：
人民邮电出版社，2024.5
ISBN 978-7-115-63345-3

Ⅰ. ①P… Ⅱ. ①周… Ⅲ. ①视频编辑软件－教材
Ⅳ. ①TP317.53

中国国家版本馆CIP数据核字(2023)第252069号

内 容 提 要

这是一本介绍 Premiere Pro 2023 短视频剪辑技术的教程。本书详细讲解了 Premiere Pro 2023 的重要功能及使用技巧，引导新手快速进入短视频剪辑领域。

全书共 8 章，前 5 章为剪辑技术讲解，后 3 章为剪辑项目应用实训。为了方便读者快速学习，本书基于"学+练"模式，涵盖工具讲解、案例实训、拓展实训、项目实训等方面的内容，循序渐进地介绍短视频剪辑的相关技术和技巧。本书还涉及短视频剪辑的经验分享，旨在帮助读者在学习上事半功倍。

随书附赠工程文件、在线教学视频，便于读者巩固所学知识。此外，还提供了教师专享的 PPT 教学课件及电子教案，方便教师授课使用。

本书适合作为院校和培训机构视频剪辑课程的教材，也可以作为 Premiere Pro 2023 自学人员的参考书。另外，本书所有内容均基于中文版 Premiere Pro 2023 进行编写，请读者注意。

◆ 编　著　周　贤
　　责任编辑　张丹丹
　　责任印制　陈　犇

◆ 人民邮电出版社出版发行　　北京市丰台区成寿寺路 11 号
　　邮编　100164　电子邮件　315@ptpress.com.cn
　　网址　https://www.ptpress.com.cn
　　临西县阅读时光印刷有限公司印刷

◆ 开本：787×1092　1/16
　　印张：12.25　　　　　　　2024 年 5 月第 1 版
　　字数：354 千字　　　　　2024 年 5 月河北第 1 次印刷

定价：89.80 元

读者服务热线：(010)81055410　印装质量热线：(010)81055316
反盗版热线：(010)81055315
广告经营许可证：京东市监广登字 20170147 号

精彩案例展示

案例实训：制作清吧主题短片　　　　　　　84页

案例实训：制作萌宠广告动图　　　　　　　95页

案例实训：合成片头旋转文字　　　　　　　116页

案例实训：制作回忆感画面效果　　　　　　129页

案例实训：调整出回忆感和年代感色调　　　139页

案例实训：绿幕人物抠像　　　　　　　　　　　　　　　　　　　145页

广告展示：环保公益　　　　　　　　　　　　　　　　　　　　　174页

产品展示：端午粽子　　　　　　　　　　　　　　　　　　　　　182页

自媒体短视频：广告植入　　　　　　　　　　　　　　　　　　　190页

前言

Premiere作为一款视频剪辑软件，凭借应用范围广、用户群体大、视频剪辑性能好等特点，被广泛应用于视频剪辑相关领域。

随着互联网的发展和社交平台的涌现，短视频行业越来越"吃香"，对相关人才的需求也越来越大。除了专业的视频处理工作室和企业，越来越多的普通民众也开始从刷视频转变为尝试制作短视频。

毫无疑问，如果想从事视频剪辑的相关工作，那么掌握Premiere软件的操作方法是必要的。因为它在功能性、专业性方面具有一定的优势。

大部分人会选择自学剪辑软件，部分读者在开始学习的时候会采用"慌不择路"式的学习方法，尤其喜欢看一些零碎的教程，对知识一知半解，学习进度十分缓慢，且学不到行业里"真正有用的东西"。因此，中途放弃的人也不少。为了帮助大家系统地学习Premiere，笔者想到了以实战辅助学习短视频制作技巧的方法。

单从软件操作难度来说，Premiere是比较简单的，大多数初学者通过系统的学习都能够掌握。不过视频剪辑知识的学习并不像学习Premiere软件操作那样简单，短视频剪辑的难点不在于软件知识，而在于如何使用相关功能，因为功能的使用方式并不是固定的，而是取决于创作的风格、工作的具体要求和客户的需求。

本书通过精练的内容介绍Premiere的重要知识点和短视频剪辑的重要操作，然后结合项目实训讲解"在何种情况下，结合视频的何种需求，进行何种操作，制作出何种效果"这一核心创作思路。另外，为了方便读者更好地学习，本书所有案例均提供教学视频。

希望想学好视频剪辑技术和想进入短视频相关行业的每一位读者，都能抛开那些所谓的"客观阻碍"，不要说"没天赋""年龄大""不太懂计算机"等"骗自己"的话，只要有决心，愿意努力，就会发现实际上并没有那么难。既然选择了，就不要轻言放弃，每个行业、每个领域都会有强者，那个强者为什么不能是你呢？

最后感谢所有读者的认可，感谢人民邮电出版社数字艺术分社每一位编辑老师的共同努力。特别感谢江碧云在我创作过程中给予的支持和鼓励。

编者

2024年1月

支持与服务

本书由"数艺设"出品，"数艺设"社区平台（www.shuyishe.com）为您提供后续服务。

配套资源

工程文件

在线教学视频

教师专享的PPT教学课件、电子教案

资源获取请扫码

（提示：微信扫描二维码关注公众号后，输入51页左下角的5位数字，获得资源获取帮助。）

"数艺设"社区平台，为艺术设计从业者提供专业的教育产品。

与我们联系

　　我们的联系邮箱是 szys@ptpress.com.cn。如果您对本书有任何疑问或建议，请您发邮件给我们，并请在邮件标题中注明本书书名及ISBN，以便我们更高效地做出反馈。

　　如果您有兴趣出版图书、录制教学课程，或者参与技术审校等工作，可以发邮件给我们。如果学校、培训机构或企业想批量购买本书或"数艺设"出版的其他图书，也可以发邮件联系我们。

关于"数艺设"

　　人民邮电出版社有限公司旗下品牌"数艺设"，专注于专业艺术设计类图书出版，为艺术设计从业者提供专业的图书、视频电子书、课程等教育产品。出版领域涉及平面、三维、影视、摄影与后期等数字艺术门类，字体设计、品牌设计、色彩设计等设计理论与应用门类，UI设计、电商设计、新媒体设计、游戏设计、交互设计、原型设计等互联网设计门类，环艺设计手绘、插画设计手绘、工业设计手绘等设计手绘门类。更多服务请访问"数艺设"社区平台www.shuyishe.com。我们将提供及时、准确、专业的学习服务。

目录 CONTENTS

目录 CONTENTS

第 **1** 章

短视频剪辑的
基础知识

本章将介绍 Premiere 的工作界面、操作逻辑及视频
剪辑常用的工具和命令。通过本章的学习，读者可
以对软件有初步认识，为后面学习视频剪辑技术打
下良好的基础。

本章学习要点

▶ 了解 Premiere 工作界面

▶ 掌握视频剪辑常用的工具和命令

▶ 掌握项目常规知识

▶ 掌握输出视频的方法

1.1 认识Premiere工作界面

很多读者在学习一个新的软件时会无从下手，感觉界面太多、命令太多，一下子就"迷糊了"。当我们有序地将界面拆分开来，会发现Premiere的界面还是非常简洁的。克服"一看界面就觉得难"的心理障碍，对学习任何软件都有很大的帮助。本节将介绍Premiere的工作界面组成。

1.1.1 "项目"面板

打开Premiere并新建一个项目，会看到4个面板区域，如图1-1所示。①处是"源""效果控件"等面板组合，②处是"节目"面板，③处是"项目"面板，④处是"时间轴"面板。这就是Premiere中常用的4个面板区域，基础剪辑就在这4个面板区域中完成。其他组件需要手动调出来。

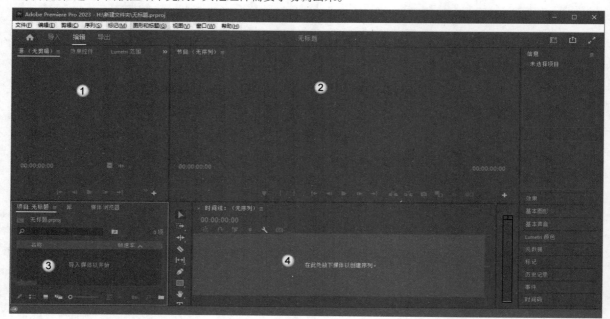

图1-1

📋 提示 --

下面将先介绍管理项目素材的"项目"面板，因为Premiere在没有素材的时候，其他面板的功能和显示是不完整的，所以这里要先导入素材。

现在导入一个视频和一张图片，导入的视频如图1-2所示，导入的图片如图1-3所示。

图1-2

图1-3

　　导入素材后，4个面板区域如图1-4所示（导入素材的方法会在后面详细讲解）。在"项目"面板中可以看到导入素材的名称和属性等内容，如图1-5所示。项目要用到的素材，导入之后就是在这个面板中进行管理和应用的。可以简单地将这个面板理解为一个专门存放各种素材的盒子。

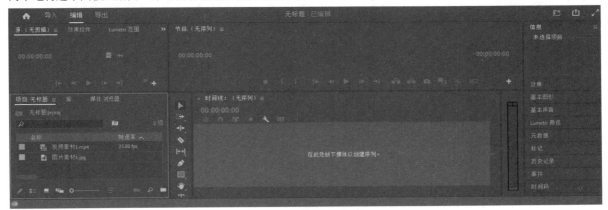

图1-4

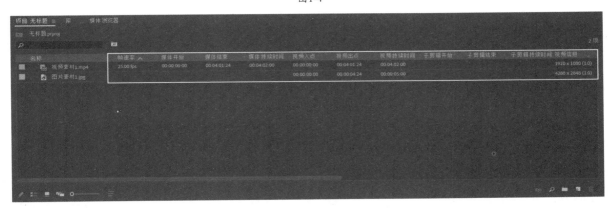

图1-5

　　"项目"面板下方有一些按钮，如图1-6所示。这里就不一一演示每个按钮的功能和用法了，读者可以自行尝试或观看随书的功能讲解视频进行学习。接下来主要介绍视图的切换操作。

图1-6

　　单击"图标视图"按钮■，面板中素材的显示模式就会发生相应的改变，如图1-7所示。将鼠标指针移动到某个按钮上，也会有相关的说明显示出来，如图1-8所示。

图1-7　　　　　　　　　　　　　　　　图1-8

对于一些比较重要的按钮，将会在后面的应用中详细讲解。例如单击右下角的"新建"按钮█，如图1-9所示，会弹出各种用于新建对象的命令，这些命令主要用于新建视频剪辑中的各种对象或内容。

图1-9

1.1.2 "时间轴"面板

用于对视频进行剪辑的"时间轴"面板如图1-10所示，这个面板主要用于对视频、音频、图片等素材进行剪辑。在没有任何资源导入的时候，该面板是空的。如果要使用或编辑各种素材，就要从"项目"面板中拖曳素材到"时间轴"面板中。现在从"项目"面板中将视频素材选中，按住鼠标左键不放将素材拖曳到"时间轴"面板中，4个面板区域如图1-11所示。

图1-10

图1-11

观察"项目"面板，发现多了一个序列素材（如果没有自建序列，当拖曳第1个视频进"时间轴"面板的时候，系统会自动以这个视频的参数创建一个序列，序列的知识将在下一节讲解）。"节目"面板也由原来的空白画面变成了视频画面。"时间轴"面板此时有了素材的时间轨道、视频轨道和音频轨道（如果导入的视频没有声音，就没有音轨），如图1-12所示。

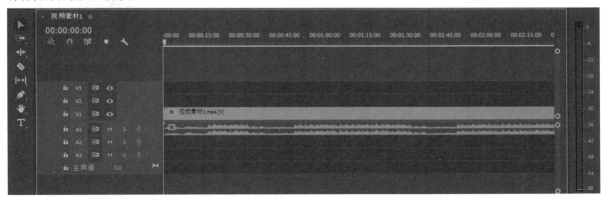

图1-12

轨道上有"播放指示器"，业内称为时间滑块。当拖曳时间滑块时，可以在"节目"面板中浏览到对应时刻的画面。图1-13所示为在当前视频素材上将时间滑块调到50s的效果。

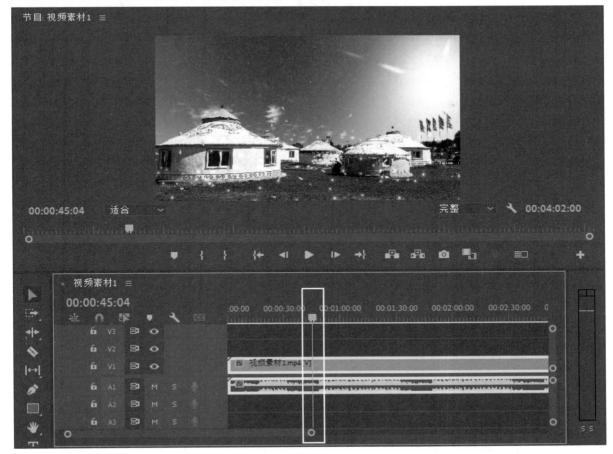

图1-13

除了可以手动拖曳时间滑块，还可以在"时间轴"面板的左上角双击时间码，再输入所要定位的时刻，如图1-14所示。例如，现在想跳转到50s的时刻，直接输入5000并按Enter键即可。

图1-14

在左侧的时间码下方有很多按钮，如图1-15所示，主要是一些用于锁定轨道、隐藏轨道的按钮。

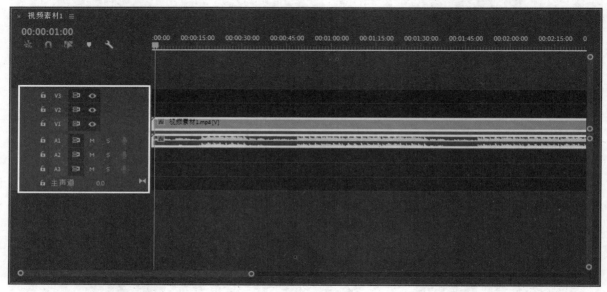

图1-15

面板左边有一列按钮，如图1-16所示，这些是常用的剪辑工具按钮。关于这些工具按钮的用法，会在后面的内容中详细介绍。

面板右侧为声轨显示器，如图1-17所示，播放素材的时候，在这里可以看到声音大小的信息。

图1-16   图1-17

1.1.3 "节目"面板

　　"节目"面板如图1-18所示，读者可以将其看作一个播放器。剪辑或编辑的项目的实时效果可以在这个面板中进行观看。在面板下方的按钮中，使用频率较高的通常都是常规的播放器按钮。

图1-18

1.1.4 "源"面板

　　"节目"面板主要用于播放整个项目的实时效果，"源"面板则用于观察素材的效果。例如一个项目中会有很多个视频素材，"节目"面板播放的是整体剪辑后的效果，如果要单独播放某一个视频素材，就要在"源"面板中进行。注意，"源"面板在没有手动拖入素材的时候也是空的，如图1-19所示。

图1-19

如果要单独观看某个素材，就需要将该素材拖曳到"源"面板中，如图1-20所示。其实与"节目"面板一样，"源"面板也属于播放器，只是播放的对象不同。

图1-20

面板顶部还有几个选项卡，如图1-21所示，分别是"效果控件""音频剪辑混合器""元数据"等，用于切换至相应面板。

源: 视频素材1: 视频素材1.mp4. 00:00:00:00 ☰　效果控件　　音频剪辑混合器: 视频素材1.mp4　　元数据

图1-21

进入"效果控件"面板，如图1-22所示。在这里可以为素材制作一些效果，例如运动、透明，在后面的实例中会进行详细讲解。

进入"音频剪辑混合器"面板，如图1-23所示。在这里可以调整混音，即在组合多个音轨后单独调整每个音轨的效果（建议对音频的调整都在Audition中进行，Premiere和Audition是可以协作的，只要版本兼容即可）。

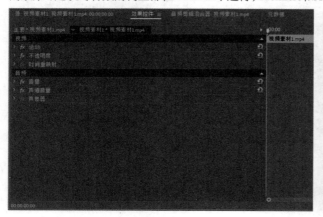

图1-22　　　　　　　　　　　　　　　　　图1-23

进入"元数据"面板，如图1-24所示，在这里可以查看素材的各种基本属性。

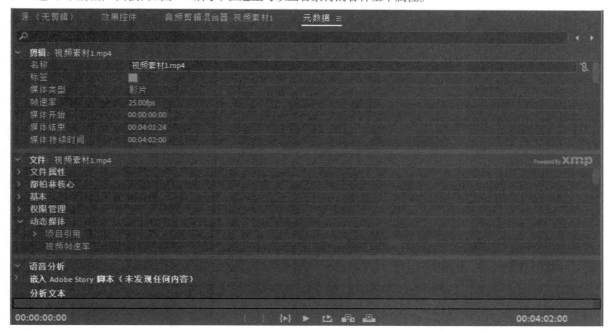

图1-24

1.1.5 自定义面板

除了4个常用的面板，还有一些面板是在工作中根据实际需求使用的，因此软件默认没有展示，需要在用的时候调出来。下面介绍自定义面板。

默认面板如图1-25所示。在软件中间顶部的位置，有一些预置面板类型供我们选择，默认显示"编辑"面板类型，如图1-26所示。

图1-25

图1-26

　　单击"学习"，效果如图1-27所示。"项目"面板消失了，"时间轴"面板变得很大，虽然"时间轴"面板放大有利于编辑素材，但"项目"面板没了，笔者觉得还是不利于学习。对于预置面板，用户可以随意调整，以适应自己的使用习惯。

图1-27

　　单击"效果"，效果如图1-28所示。这个预置面板类型在4个面板区域的基础上在右侧加了一个"效果"面板。后续的转场、视频效果等都需要在这个面板中进行设置，所以比较推荐新手用这个预置面板。

图1-28

如果不用预置面板，如何自定义面板呢？所有面板都可以通过拖曳来改变大小和位置。将鼠标指针移动到"源"面板和"节目"面板之间，鼠标指针会发生变化，如图1-29所示，按住鼠标左键不放，往左拖曳，如图1-30所示，面板的大小就改变了。

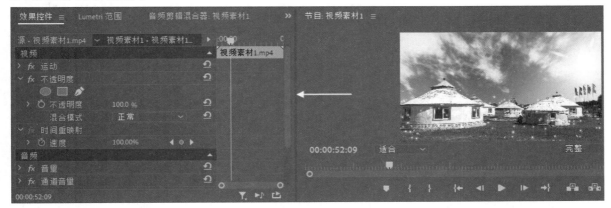

图1-29

图1-30

　　除了移动到面板之间的缝隙进行操作，还可以将鼠标指针移动到某个面板的顶部区域，这时鼠标指针也会发生变化，如图1-31所示，按住鼠标左键不放，就可以把该面板拖曳到其他位置，如图1-32所示。

图1-31

图1-32

如果想关闭某个面板，可以单击该面板标题旁边的"菜单"按钮 ，在弹出的菜单中选择"关闭面板"命令，如图1-33所示。

如果不小心关掉了某些面板又不知道如何调回来，或者把面板调得非常乱，可以在Premiere的菜单栏中执行"窗口>工作区>重置为保存的布局"命令把面板布局恢复为默认状态，如图1-34所示。

图1-33   图1-34

☑ 提示 --

虽然可以按需求随意调整面板，但新手没有正式进入工作，也就还没有自己固定的工作习惯，这时建议用"效果"面板类型。

1.2 序列

序列非常重要，在刚接触Premiere的时候，这是一个必须理解的知识点，同时，这也是入门的一个难点。

1.2.1 什么是序列

在网络上搜索"序列"，可能会得到很多不同的解释，因为它在不同的领域有不同的作用。那么如何正确地理解Premiere的序列呢？下面举例说明。

如果项目相当于一个百货商场，百货商场中的商品就相当于导入的素材（视频、图片和音频等）。百货商场中的商品都需要合理地摆放，不同的商品要放在不同的货架上，这些货架就相当于Premiere里的序列。商品的属性都要被相应货架的属性和尺寸所限定。

在Premiere中将各种素材剪辑合成为一个片子时，素材的属性和尺寸未必相同，但合成为一个片子后，它们的属性参数都是统一的，而这个统一的框架结构就是"序列"。简单地整理一下，读者可以这么理解层级关系：项目（百货商场）>序列（货架）>素材（商品）。

1.2.2 创建序列

序列一般可以分为标准序列和非标准序列，标准序列指以每秒25帧逐行扫描的序列，例如常说的标清（720P以下）、高清（720P）、超清（1080P）、2K和4K等。非标准序列则是除这些以外，一些非常规比例的序列，通常是从网上下载的一些视频素材，因为经过别人的编辑，很可能会有非常规的尺寸。

创建序列的方法有很多，下面介绍3种常见的方法。

第1种：在菜单栏中执行"文件>新建>序列"命令，如图1-35所示，快捷键为Ctrl+N。

第2种：将鼠标指针放在"项目"面板的空白处，单击鼠标右键，在弹出的菜单中执行"新建项目>序列"命令，如图1-36所示。

图1-35

图1-36

第3种：单击"项目"面板右下角的"新建项"按钮，在弹出的菜单中选择"序列"，如图1-37所示。

图1-37

23

现在来创建一个序列。按快捷键Ctrl+N打开"新建序列"对话框，如图1-38所示。在创建序列的时候就要设置好参数，要知道想要什么样的序列视频，例如高清、超清、2K、4K的视频，都需要在这里进行对应设置。

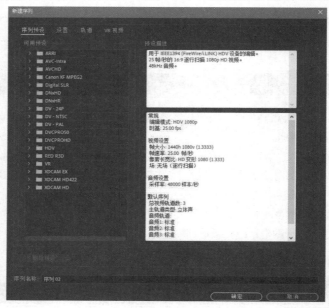

图1-38

1.序列预设

"序列预设"选项卡的"可用预设"中有很多可以直接使用的预设。其实，常用的标准序列都可以在预设中找到，不需要用户手动设置。

标清序列

在可用预设中打开DV-PAL，如图1-39所示。其中列出了几个常用的标清序列，"标准"表示4：3的比例，"宽屏"表示16：9的比例，后面的××kHZ表示音频的采样率。当选中某个预设后，在右边可以看到具体的参数。

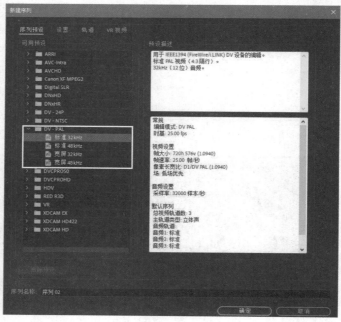

图1-39

高清序列

高清一般都会有HD字样,因此可用预设中结尾带有HD字样的就是高清预设,打开AVCHD,如图1-40所示,其中还有3个文件夹,即1080i、1080p和720p。其中,以i结尾表示隔行扫描,以p结尾表示逐行扫描。展开720p,如图1-41所示。现在可以选择720p高清序列,同样在右边也会显示详细的参数。720p后面带的数字,即24、25、30、50和60表示帧频,一般建议使用25的帧频(每秒25帧)。

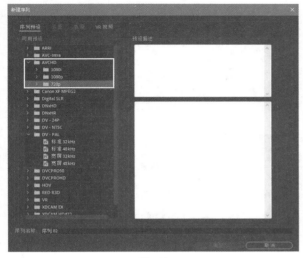
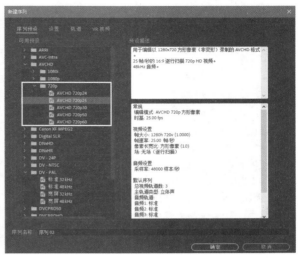

图1-40　　　　　　　　　　　　　　　　　　图1-41

超清序列

对于2K和4K清晰度的序列,都可以在这些预设中找到,这里就不一一展示了。在学习的时候建议都打开来看一看。

2.设置

在"序列预设"旁边有"设置"选项卡,如图1-42所示。在没有选择序列时,"设置"是灰色的。这里选中一个720p和25时基的序列,然后单击"设置",如图1-43所示。

在这里可以随意修改预设的参数。虽然在正常情况下不需要修改,但在有特殊需求需要自定义序列时,就可

图1-42

以在这里进行修改,例如觉得每秒25帧不够,想要增加帧数,就可以单击"时基",在下拉菜单中选择别的帧频,如图1-44所示。

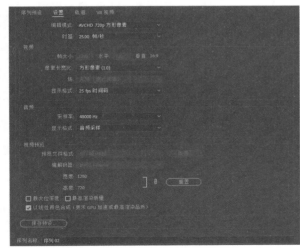
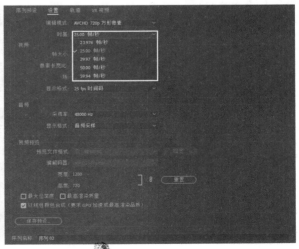

图1-43　　　　　　　　　　　　　　　　　　图1-44

1.2.3 使用序列

在制作项目时，一开始就应该设置好序列，例如现在创建一个720p25的序列，如图1-45所示。创建后在"项目"面板中可以看到该序列，如图1-46所示。同时"时间轴"面板中也会显示当前新建的序列，如图1-47所示。

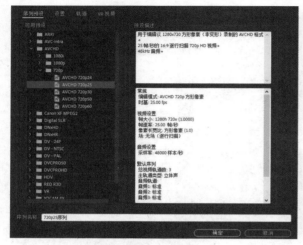

图1-45

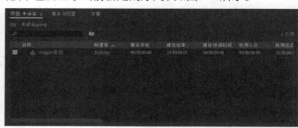

图1-46

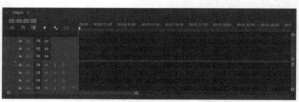

图1-47

创建完序列之后可以将素材拖曳到序列中进行编辑。这些素材有各种属性，不一定与创建的序列一致。现在导入一个视频素材，如图1-48所示，素材的名称后面会显示相关的信息，把底部滚动条向右拖动，查看更多的信息，如图1-49所示。

图1-48

图1-49

创建的序列尺寸为1280×720（本书的视频尺寸单位默认为像素），但是视频素材尺寸为1920×1080，将视频素材拖曳到"时间轴"面板的序列中，如图1-50所示。

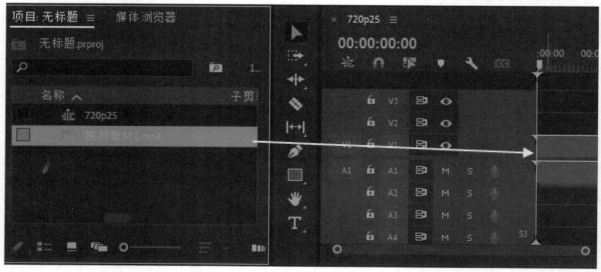

图1-50

此时会弹出一个警告对话框，如图1-51所示。这是因为素材和序列设置不匹配，系统询问要不要更改序列以匹配素材的设置。如果单击"保持现有设置"，那么素材导入后序列尺寸还是1280×720，即保持创建的序列尺寸不变。如果单击"更改序列设置"，那么序列尺寸就会由原来的1280×720变成视频素材的尺寸1920×1080。注意，通常情况下，都是单击"保持现有设置"，因为对于视频剪辑，序列属性都是一开始就设置好了的，不建议修改。

图1-51

另外，如果新建项目后不创建序列，而是先导入一个视频素材，如图1-52所示，那么将这个视频素材拖曳到"时间轴"面板后，系统就会自动以这个素材的参数来创建一个序列，如图1-53所示。

图1-52　　　　　　　　　　　　　　　　　　　　图1-53

1.3　素材

有些新手可能会觉得，对于素材，只有在真正开始工作后才需要严格要求，在初学的时候可以随意一点。这个观点是错误的，笔者更希望读者在初学的时候就以真实工作的要求对待自己。项目的根本就是素材，所以素材虽然不是软件本身的东西，但极其重要。

1.3.1　导入素材

将素材导入Premiere的方法有很多种，可以根据自己的习惯来导入，学习时，各种操作都应该是自己顺手的，没有必要硬记某一种方法。下面介绍5种常用的素材导入方法。

第1种：执行"文件>导入"菜单命令或按快捷键Ctrl+I，如图1-54所示，打开"导入"对话框，如图1-55所示。接下来浏览计算机中的素材并导入即可。

图1-54　　　　　　　　　　　　　　　　　　　　图1-55

📑 提示 --

切记，学习的时候但凡有快捷键就尽量使用它，养成习惯后能有效提升工作效率。

第2种：在"项目"面板的空白处双击，如图1-56所示，即可弹出"导入"对话框。

第3种：在"项目"面板空白处单击鼠标右键，在弹出的菜单中选择"导入"命令，如图1-57所示，这样也可以打开"导入"对话框。

图1-56

图1-57

第4种：从"项目"面板切换到"媒体浏览器"面板，Premiere能读取到计算机的磁盘，在这里可以直接找到想要的素材，如图1-58所示。找到想要的素材后按住鼠标左键不放，把素材拖曳到"时间轴"面板中，如图1-59所示，素材就会自动导入Premiere，这时返回"项目"面板，就能看到刚才拖曳的素材已经在"项目"面板中了，如图1-60所示。

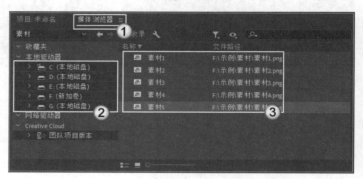

图1-58

图1-59

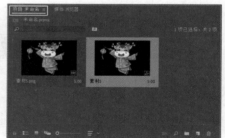

图1-60

第5种：在计算机中找到存放素材的地方，如图1-61所示，然后将选中的素材或素材文件夹直接拖曳到Premiere中即可。

☑ **提示**

这里涉及一个概念——素材库。初学者可能会不太在意素材库，更多是在网上随便找一些素材就开始学习，又或者买一些商业素材直接全放在某一个盘中使用。这样没有认真地去整理一个素材库是不太好的，建议根据自身情况整理出属于自己的素材库。

一般来说，可以把素材分为视频、音频、图片、序列和其他素材等大类。其中的小类就要根据自身情况去划分，例如视频素材里面的小类可以分为标清、高清、超清、2K和4K等。为什么要根据自身情况去划分，直接用一些"大神"分好的类别不行吗？"大神"直接分好的类别并不一定适合所有人。

不同素材的小类都会有很多，只有细心地分类并整理好，才能让学习和工作更加方便。

图1-61

1.3.2 导入素材的注意事项

Premiere可以导入多种类型的素材, 例如视频素材、音频素材、图片素材、图像序列素材和PSD素材等。

1.视频素材/音频素材/图片素材

这3种素材的导入方法比较常规, 即直接导入。导入后拖曳到"时间轴"面板中直接使用即可, 如图1-62所示。

图1-62

2.图像序列素材

一些视频制作软件导出视频的时候输出的不是一整部视频, 而是图像序列。我们知道视频的原理就是用一帧一帧的画面形成影片。一个序列就是一套图片, 也就是说如果将一个1秒的视频 (每秒25帧) 导出为序列, 就是导出25张连续的图片。

当我们导入图像序列 (见图1-63, 这是一个"牛缩小"的动画) 的时候, 如果只选择某一张图, 导入后就是一张静止的图像, 并没有动画效果。

图1-63

对于图像序列, 导入的时候应该选中第1张图像, 然后勾选"图像序列", 单击"打开"按钮, 如图1-64所示。导入后"项目"面板如图1-65所示, 图像序列右下角显示了10帧的相关信息, 一个图像序列形式的动画素材就正确导入Premiere了。

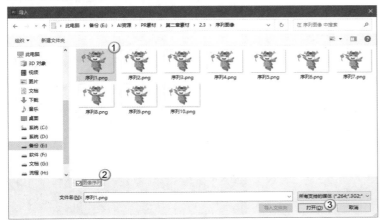

图1-64

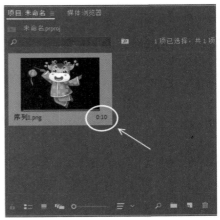

图1-65

将序列素材拖曳到"时间轴"面板中,如图1-66所示,面板左上角显示的也是10帧。单击"节目"面板中的"播放"按钮▶即可查看其效果,如图1-67所示。

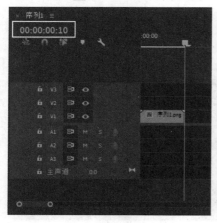

图1-66图1-67

3.PSD素材

　　PSD素材就是Photoshop源文件,一般都是带有图层信息的。在Photoshop中打开一个PSD素材,效果如图1-68所示,其图层如图1-69所示。

　　可以看到,该素材有多个图层。如果将"背景"图层隐藏,如图1-70所示,画面中的背景就没有了,只剩下"牛",效果如图1-71所示。

图1-68图1-69

　　既然PSD素材可以隐藏某些图层从而隐藏图片的某些效果,那么将其导入Premiere后能否隐藏某些图层呢?导入这个PSD素材,如图1-72所示,导入时会弹出"导入分层文件:PSD"对话框,如图1-73所示。

图1-70图1-71

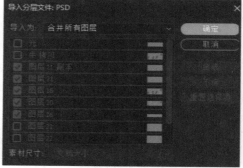

图1-72图1-73

在对话框中可以看到该PSD素材里面的图层，即在Photoshop中是怎样的，导入Premiere时也默认是怎样的。展开"导入为"下拉菜单，如图1-74所示，有4个选项，分别是"合并所有图层""合并的图层""各个图层""序列"。

图1-74

合并所有图层

很好理解，即将所有的图层都合成为一张图片进行导入，导入后如图1-75所示。在Photoshop中先导出一张图片，再导入Premiere也是可以的，不过这样就烦琐了，因此直接导入PSD素材，然后选择"合并所有图层"会更加方便。

图1-75

合并的图层

选择"合并所有图层"后下面的图层选项是灰色的，不能选择，如图1-76所示。选择"合并的图层"后，可以对图层进行处理，现在取消勾选"背景"图层，如图1-77所示。导入后的效果如图1-78所示，可见通过这种方式可以在导入时自由选择想要的图层。

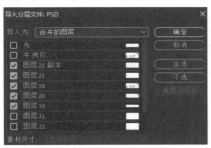
图1-76

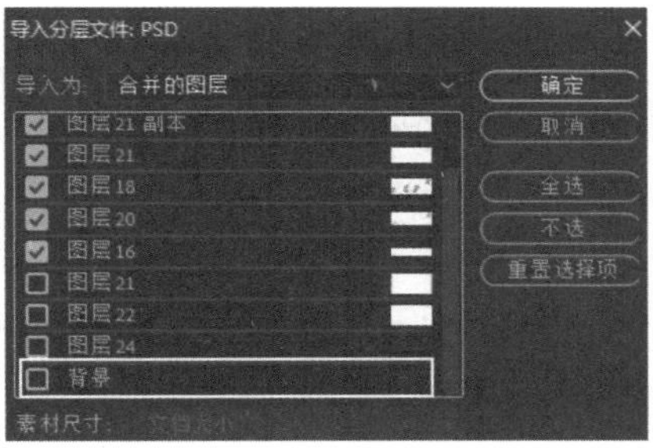

图1-77

图1-78

各个图层

同样，选择该选项后，下面所有的图层也可以勾选，如图1-79所示。那么它与"合并的图层"有何区别呢？

"合并的图层"导入的是整个PSD素材。现在选择"各个图层"选项，导入Premiere的效果如图1-80所示，它并不是整个PSD素材，而是每个图层都作为一个素材，且自动产生了一个素材箱，显示了8项，也就是PSD素材里面的8个图层。双击素材箱，可以看到每一个图层都是独立的（见图1-81），这样就可以单独应用某个图层了。

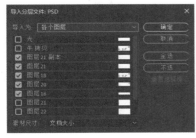
图1-79

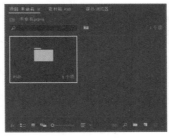
图1-80

图1-81

序列

设置"导入为"为
"序列",如图1-82所示,导
入后的效果如图1-83所示。

可以看到,与"各个
图层"选项一样,也自动
产生了一个素材箱,但这
时素材箱里并不是8项,而
是9项。素材只有8个图
层,那么多的一项,是什
么呢?

除了8个原来图层的
文件,还多了一个序列,
如图1-84所示。这样一来,
除了8个独立的图层可以
单独使用,还有一个整合
了全部图层的序列供我们
使用,非常方便。

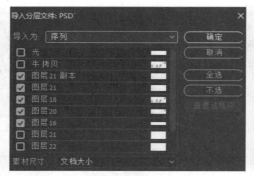

图1-82

图1-83

图1-84

1.3.3 素材整理规范

前面讲过计算机中的素材库必须整理,且要适合自身情况。同样,对于Premiere项目当中的素材,也是需要规范的。

现在新建一个项目,如图1-85所示,在新建项目的时候一定要命名。很多新手直接使用默认的"未命名",或者改成111、222之类的名称,这都是非常不好的习惯。如果没有真实项目,也可以改成"某年某月某练习项目"的形式。

"名称"下面的"位置"也是同理,项目不得乱放,需建立专门存放项目的文件夹并合理命名,例如D盘下的"2023年项目""公司项目"等。存放时,建议选择空间足够大的磁盘,因为视频素材通常会非常大。

创建好之后打开项目
所在的文件夹,如图1-86
所示,这里文件夹的名称
是"示例",名为"XXX项
目"的Premiere文件就位
于其中。

图1-85

图1-86

此外，建议把该项目会用到的素材都放在"示例"文件夹里面，而不是一些放D盘，一些放E盘，同一项目的素材切忌乱放。

这里读者可能有疑问，前面我们不是整理好自己的素材库了吗？从素材库里面直接导入素材不就可以了吗？

理论上是可以的，但一个项目会用到很多不同的素材，当需要单独去修改或编辑这些素材时，去相应的素材库中找就显得很麻烦了，所以单独某个项目所需的素材还是需要独立出来的。例如这里，可以再在"示例"文件夹中创建视频、音频、图片、序列和PSD文件夹来存放相应素材，如图1-87所示。

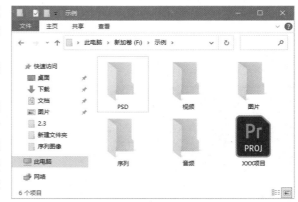

图1-87

在完成项目时将各种需要的素材从计算机的素材库中复制一份到项目文件夹，便于项目的整理编辑。现在将素材文件夹全部导入项目，如图1-88所示，导入后的效果如图1-89所示。

图1-88

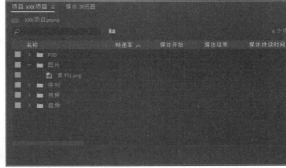

图1-89

这样"项目"面板就跟计算机中创建的项目文件夹一样了，可以展开每个素材文件夹直接浏览素材，而且这些素材都是分好类别的。千万不要把所有素材不加整理地直接放进"项目"面板，如图1-90所示。这是很多新手初学时的情况，各种素材都放进"项目"面板，不分类、不整理，如果素材数量少自己学习一下软件操作还行，一旦素材数量多了，或者制作真正的项目的时候，就会变得非常凌乱和麻烦。

关于素材箱，这里说明一下。如果素材是自行整理好，并放在项目文件夹中用于整个文件夹的导入的，那么就不需要素材箱，因为素材箱也是文件夹。但有些时候没法第一时间整理好，例如客户突然传来一些素材，在当前的工作过程中没有时间去整理，客户又急着要看效果，那么这个时候素材箱就很有存在的意义了。

如果客户突然传来了一些素材，将这些素材导入"项目"面板，本来井然有序的项目文件夹变得凌乱了，特别是有很多不同类型的素材时，如图1-91所示。

图1-90

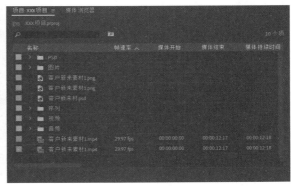

图1-91

这个时候可以单击鼠标右键，在弹出来的菜单中选择"新建素材箱"命令，如图1-92所示。

此时新的素材箱就创建出来了，将其命名为"客户新来素材"，如图1-93所示。接下来将客户新发来的素材全部拖曳到这个素材箱中，如图1-94所示。当想要使用客户新发来的素材时，打开素材箱使用即可，如图1-95所示。切记，项目素材的整理必须合理、有序。

图1-92

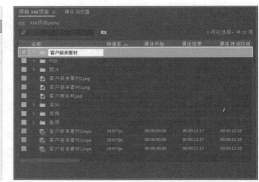

图1-93

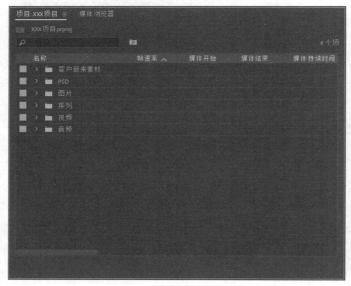

图1-94

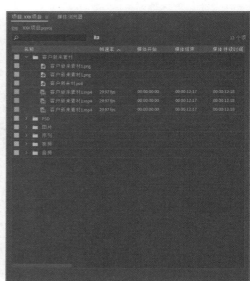

图1-95

1.4　剪辑的常用工具

其实视频剪辑需要用到的工具并不多，难点在于"如何处理好故事"，并非"如何使用好剪辑的工具"。下面讲解视频剪辑常用的工具。

1.4.1　剪片

导入一个视频素材，然后把该视频素材拖曳到"时间轴"面板，如图1-96所示。

将时间滑块滑到第50秒处，如图1-97所示。如果要将影片在这个位置"剪开"，就要用到"剃刀工具" ，如图1-98所示。

图1-96

图1-97   图1-98

单击"剃刀工具" 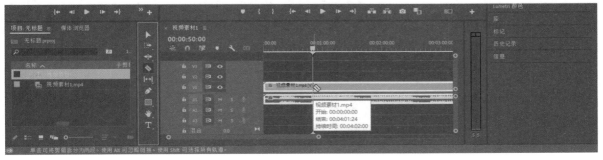或按C键,然后移动鼠标指针到时间线处,鼠标指针会变成刀片状,如图1-99所示,接着单击即可把影片从该处切开,如图1-100所示,影片被分成两个片段。

图1-99

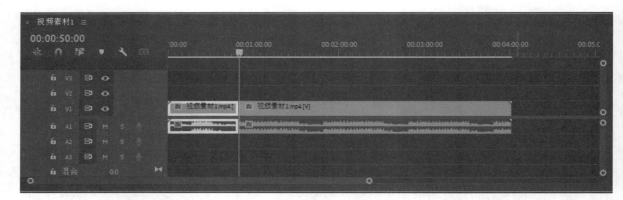

图1-100

切完之后如果需要调整片段，要单击"选择工具" ▶（因为切完时还处于"剃刀工具" ◆状态，所以需要切换工具），如图1-101所示。使用"选择工具" ▶可以自由移动片段，例如把后半段放到前面去，或者把两个片段放到不同的轨道中。

图1-101

📌 提示 -- ▶

为了方便操作，可以调整时间轴轨道的显示范围，但要注意其范围是有限的。

按住Alt键的同时不断按＋键，可以将音轨轴放大，方便操作，如图1-102所示。反之按住Alt键的同时不断按－键，可以将音轨轴缩小。

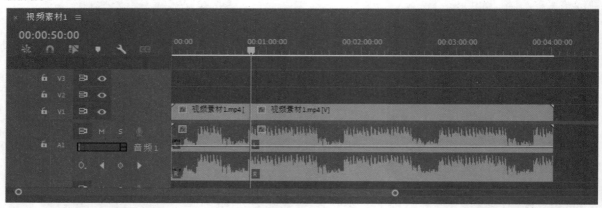

图1-102

现在时间轴轨道太短了，视频素材布满了整条轨道，这不方便我们编辑。在面板下方有一个滑块，左右滑动它可以显示完整条时间轴轨道，但每次操作都去左右滑动十分麻烦，如图1-103所示。这时，建议按住Alt键并上下滚动鼠标滚轮来调整时间轴轨道的显示范围，如图1-104所示。

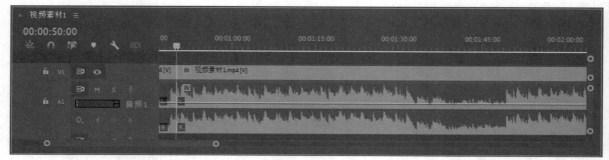

图1-103

图1-104

当下方的滑块不能滑动时表示现在时间轴轨道的显示范围已经是最大了，视频素材的显示长度也相应缩短了，我们能看到更多的素材，操作也就方便不少了。

现在选中前半段视频素材，将其拖曳到后半段视频素材之后，如图1-105所示。这就是最基本的剪片操作。整个片子有50秒的空白，因此全选素材，将首端对齐0帧，如图1-106所示。

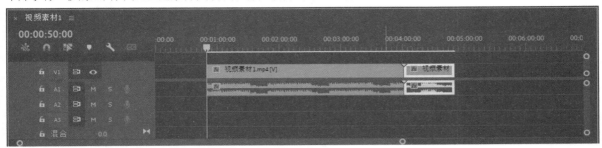

图1-105

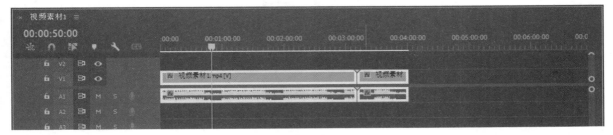

图1-106

1.4.2 调速

看视频时常会看到一些快放、慢放等效果，这在Premiere里面是用调速操作实现的。现在选中后半段视频素材，该片段时长是50秒，如图1-107所示，选中后会变成白色。

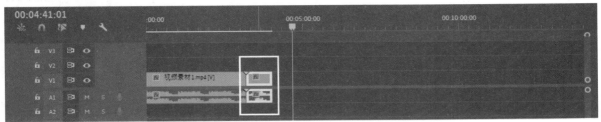

图1-107

将鼠标指针移动到素材上面，单击鼠标右键，在弹出的菜单中选择"速度/持续时间"命令，如图1-108所示，打开"剪辑速度/持续时间"对话框，如图1-109所示。

默认情况下以100%的速度播放，设置的时候可以按照比例进行调整。在"速度"处输入200%并按Enter键，这段素材本来是50秒的，现在就是25秒，相当于二倍速播放，如图1-110所示。如果不通过百分比控制播放速度，还可以直接更改"持续时间"。如果需要倒放，则勾选"倒放速度"即可。其他的参数一般不需要设置。

图1-108　　　　　　　　　　图1-109　　　　　　　　　　图1-110

1.4.3 定格

定格是剪辑时常用的效果，例如一些广告中在商品出现时会定格两秒，出现一些广告语后继续播放后续内容。在Premiere中，定格效果的制作很简单。

导入一个视频素材，如图1-111所示，现在没有做任何剪辑。拖曳时间滑块到第1分钟处，如图1-112所示。

图1-111　　　　　　　　　　图1-112

现在制作将这一帧定格5秒再继续播放的效果。用"剃刀工具" ◢ 在第1分钟处将其切开，如图1-113所示。将鼠标指针放到后半段上并单击鼠标右键，在弹出的菜单中选择"插入帧定格分段"命令，如图1-114所示。

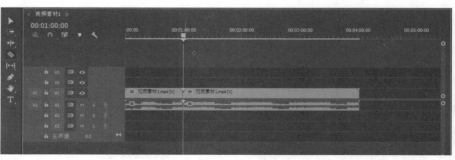

图1-113

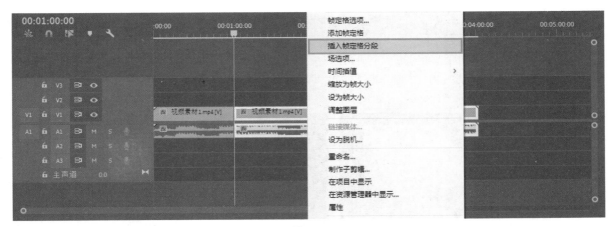

图1-114

此时，系统会自动地以当前帧为基准插入2秒的定格，如图1-115所示。因为系统设定了2秒的定格，视频时间又比较长，所以定格帧显示不清楚。按住Alt键滚动鼠标滚轮，把时间轴轨道拉长就可以看清楚了，如图1-116所示。

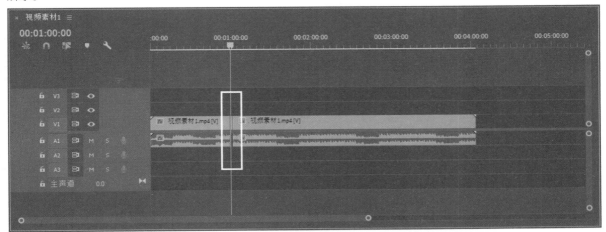

图1-115

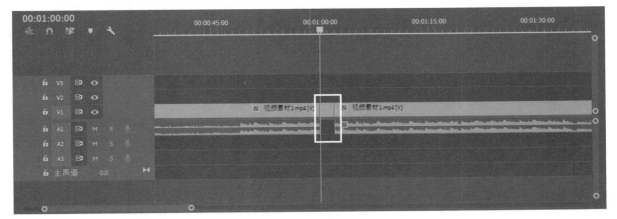

图1-116

现在播放一下就能看到整个视频播放到第1分钟时会定格两秒，再继续播放。如果需要改变定格的时长，则可以用前面改变持续时间的方法改变定格的持续时间。

1.4.4 时间码

前面讲"时间轴"面板的时候出现过时间码，现在来详细地介绍一下。时间码在"源"面板也存在，如图1-117所示，左边的时间码显示的是当前帧的时间，右边的时间码显示的是该素材的总时长。

同样在"节目"面板中也有时间码，如图1-118所示，左边的是当前帧的时间，右边的是节目的总时长。

图1-117   图1-118

"时间轴"面板中的时间码如图1-119所示，该时间码显示的是当前帧的时间，此处没有上面两者的总时长显示。

在1.1.2小节中已经介绍过时间码的输入原理，要注意的一点就是进制。例如，现在用的是25帧/秒的进制，如果输入30，如图1-120所示，按Enter键之后就会变成00:00:01:05，也就是1秒5帧，如图1-121所示。这是因为输入的30，表示30帧，但是当前序列的进制为25，所以会满25进1。

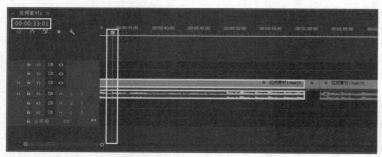

图1-119   图1-120   图1-121

1.4.5 图层应用

对于图层，Premiere中常用的就是"透明视频"和"调整图层"。

1.透明视频

单击"项目"面板右下角的"新建项"按钮，在弹出的菜单中选择"透明视频"，如图1-122所示。这时会打开"新建透明视频"对话框，如图1-123所示。这里使用默认参数，即与当前的序列一致。

图1-122   图1-123

创建后"项目"面板中会多出一个名为"透明视频"的素材，如图1-124所示。将"透明视频"拖曳到"时间轴"面板中，如图1-125所示。

图1-124

图1-125

现在播放"透明视频"，可以发现什么也没有，也就是透明的，那么该怎么去用它呢？如果给当前视频素材加上闪电特效，效果如图1-126所示。

现在这个闪电是从头到尾都有的，如果要做的是只有前10秒有闪电，那么"透明视频"就应用上了。将"透明视频"拖曳到视频素材上方的一个轨道中，并对齐开始帧，如图1-127所示。现在视频还是正常播放，但因为上方轨道的"透明视频"存在，所以画面中还是什么都没有。

图1-126

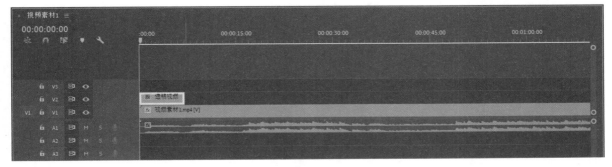

图1-127

将鼠标指针放到"透明视频"上并单击鼠标右键，在弹出的菜单中选择"速度/持续时间"命令，设置"持续时间"为10秒，如图1-128所示。注意，闪电效果不要直接添加到视频素材上，而是添加到"透明视频"上，如图1-129所示。此时，前10秒有闪电效果，且闪电效果是依附在"透明视频"上的，完全不影响视频素材的编辑。

图1-128

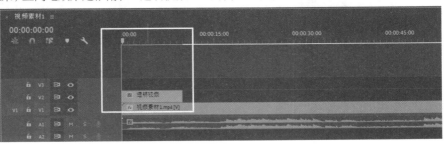

图1-129

2.调整图层

将视频素材剪成两段，并分别放在不同轨道上，再对齐开始帧，如图1-130所示。现在"节目"面板中显示的是上方轨道的视频内容，如图1-131所示。

在"节目"面板中双击画面，画面周围会出现一个边框和一些边缘点，如图1-132所示，通过拖曳点可以缩放画面，还可随意移动其位置，如图1-133所示。画面缩小之后下方轨道的视频内容就可以看到了。这类似Photoshop的图层效果。现在将下方轨道的视频内容也缩小一点，以便同时看到两个视频素材的内容，如图1-134所示。

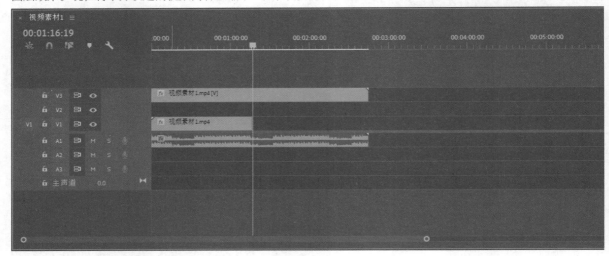

图1-130

图1-131

图1-132

图1-133

图1-134

现在添加视频特效，例如为上方轨道的视频添加"波形变形"效果，那就要从"效果"面板中拖曳"波形变形"效果到上方轨道的视频中，如图1-135所示。同理，下方轨道的视频也需要手动添加一次效果，播放的时候它们才会都有特效。这时就有一个问题，素材多了，需要拖曳的次数也就多了，一旦修改起来便会很麻烦。这时就要用到"调整图层"。

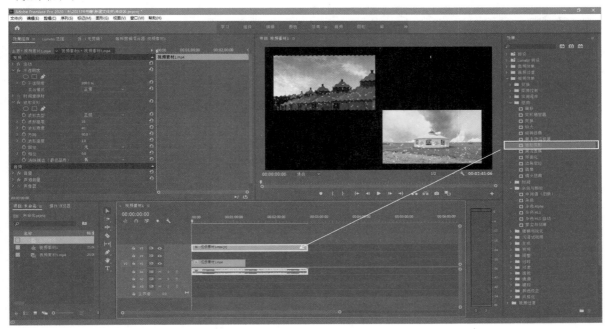

图1-135

在"项目"面板中新建一个"调整图层"，如图1-136所示。同样也保持默认，即与序列的参数一样，如图1-137所示。

创建完成后"项目"面板中多了一个名为"调整图层"的素材，如图1-138所示，然后将"调整图层"拖曳到视频素材上方的轨道中，让其位于顶部轨道，如图1-139所示。

图1-136　　　　　　　　　　图1-137

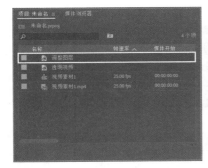

图1-138

图1-139

此时，将"波形变形"效果拖曳到"调整图层"上，然后将"调整图层"调整到想要的时长。这样就可以用一个"调整图层"控制其下方轨道素材的全部效果，如图1-140所示。

43

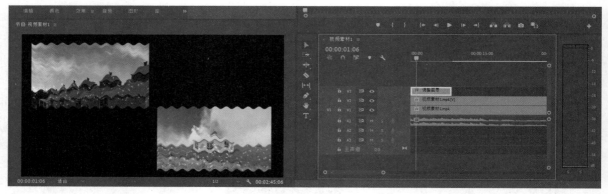

图1-140

📋 提示

"透明视频"和"调整图层"其实有点相似,但透明视频改变不了画面的效果,只能产生效果,"调整图层"则都可以。产生效果的时候"透明视频"是局部控制,"调整图层"则可以实现全局控制。

1.4.6 音画分离

大部分的素材或者拍好的视频都会有声音,若这些声音不是需要的,就应该删除或者单独编辑处理,即音画分离。一个视频素材的音画是关联的,任意选中一个,另一个也会被选中,如图1-141所示。这时单击鼠标右键,在弹出的菜单中选择"取消链接"命令,如图1-142所示。

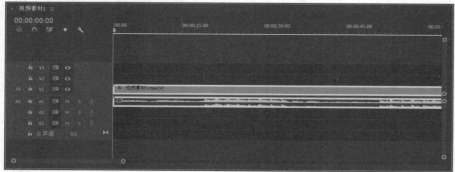

图1-141

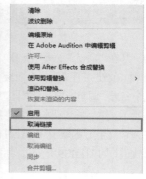

图1-142

现在画面和音频就分离开了,选中音频部分,视频没有被选中,如图1-143所示。这时可以将音频拖曳到其他位置,如图1-144所示,或者直接按Delete键将其删除,如图1-145所示。

📋 提示

除了使用"取消链接"命令,在音画关联的情况下按住Alt键单击音轨,也能达到音画分离的目的。

图1-143

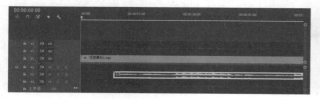

图1-144

图1-145

1.5 项目设置

制作项目的时候需要进行一些必要的设置,本节主要介绍缓存问题和保存设置。

1.5.1 缓存问题

安装Premiere之后,用着用着就会遇到软件提示"磁盘缓存不足"的问题,这是因为没有设置好缓存。这种问题经常出现在一些初学者身上,他们为了方便,直接在桌面存放项目文件,这样很快就会占满C盘的存储空间。

新建项目的时候可以单击"暂存盘",如图1-146所示。其中的路径可以单独设置,需确保项目文件存放的地方有足够大的空间。默认的是"与项目相同",如果项目放在桌面,那就是放在了C盘,C盘空间一般不大,一旦东西多了,除了Premiere会出现问题,计算机也会随之变卡。

图1-146

1.5.2 保存设置

无论哪个软件,保存设置都相当重要,如果没设置好,一旦软件或计算机"卡死"了,资料就没了,数个小时的工作也就白费了。在菜单栏中执行"编辑>首选项>自动保存"命令,如图1-147所示。自动保存的设置界面如图1-148所示。

这里的"自动保存时间间隔"默认为15分钟,建议将其设置为5分钟以内。因为工作效率提高后,15分钟可以做很多事情。"最大的项目版本"默认为20,这里就不需要这么多了,一般设置为5就可以了,同时保存太多项目不仅没必要,还可能会影响一些低配置计算机的性能。

图1-147

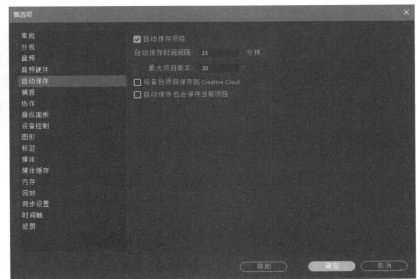

图1-148

1.6 输出成品视频设置

当编辑好视频后，要做的就是渲染输出了。这一步就是设置好相关参数，让计算机渲染出效果。

在菜单栏中执行"文件>导出>媒体"命令，如图1-149所示。导出设置如图1-150所示。

图1-149

图1-150

1.6.1 导出格式

在"格式"下拉菜单中可以看到能导出的各种格式，常用的是H.264，也就是输出为MP4格式，如图1-151所示。对于其他的格式，按需选择即可。

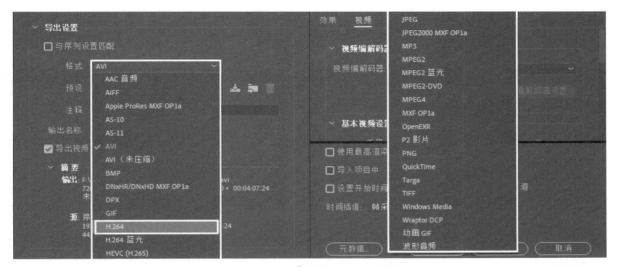

图1-151

1.6.2 预设

"预设"下拉菜单如图1-152所示。这里有非常多的预设，其实这些预设大多时候都用不上，只需要选择"匹配源-高比特率"，输出的文件就会以序列参数为基准。选择"匹配源-高比特率"后可以看到"摘要"信息，如图1-153所示。

图1-152

如果需要自定义参数，设置完"匹配源-高比特率"后可以在下面的"基本视频设置"中进行参数修改，如图1-154所示。灰色表示不能修改，但只要取消勾选右侧的复选框，就可以自定义每一个参数了。通常来说，选择H.264和"匹配源-高比特率"就可以了。

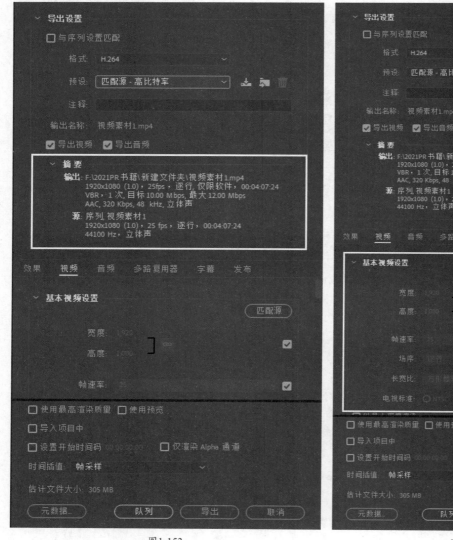

图1-153　　　　　　　　　　　　　　　　　　　　图1-154

1.7　总结与训练

本章主要讲解了Premiere入门的基础知识和基本操作。读者需要掌握的就是在进行实际工作之前的Premiere准备工作。虽然软件中可能有很多命令，但在实际工作中需要用到的比较有限，建议读者务必掌握本章的所有知识点，并针对基础操作进行反复练习，为后续学习做好准备。

第2章

转场

转场是场景与场景之间的衔接方式，可以让视频画面更有节奏。每一个素材片段都有独立的内容，当多个素材混合在一起的时候，如果没有转场，那么画面的衔接可能会显得生硬，转场存在的意义就是让它们衔接自然。本章主要介绍常用转场的制作方法。

本章学习要点

▶ 掌握转场的基本应用

▶ 掌握各种转场效果

▶ 掌握转场在实战中的应用

2.1 认识转场

转场关联着前后两段视频，部分读者可能只会将它当作一种视频之间的衔接方式，制作的时候随便选择一种转场，觉得只要将两段视频衔接上就好。新手有这种想法是可以理解的，但想要真正进入视频行业，这样做则是远远不够的。试想一下，对两个欢快浪漫的爱情视频使用一个带压抑感的转场效果，将直接影响整段视频要表达的情绪。转场并不是简单过渡，过渡需要承上启下，不仅要让视频有层次感，还需为视频画面的氛围提供增益效果。

2.2 使用转场

转场是一种衔接方式，会用转场并不等于会衔接视频。在学习的过程中建议先掌握如何使用转场，然后通过大量的训练和实战积累经验，灵活运用转场效果。

2.2.1 转场的用法

转场的用法很简单。选择"效果"预设，"效果"面板会出现在工作界面右侧，如图2-1所示。

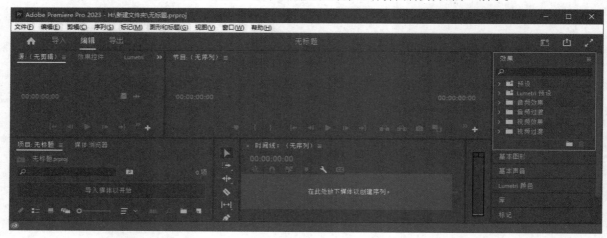

图2-1

下面以图2-2和图2-3所示的素材为例，在"效果"面板中找到"视频过渡"文件夹，如图2-4所示，展开该文件夹，如图2-5所示。其中就是Premiere自带的转场。例如打开"3D运动"文件夹，包含的转场如图2-6所示。

图2-2

图2-3

现在这段视频在6秒16帧处是被剪开的，第6秒16帧的画面如图2-2所示，第6秒17帧的画面如图2-3所示。鉴于画面的段落变化，可以在此处添加一个转场。

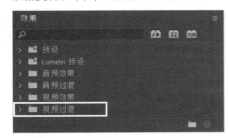

图2-4

图2-5

图2-6

"3D运动"中有两个效果："立方体旋转"和"翻转"。这里以"立方体旋转"为例介绍转场的用法。

将"立方体旋转"拖曳到"时间轴"面板中视频断开处，如图2-7所示。注意，大部分转场都可以调整具体的参数。

图2-7

这样转场就添加好了，添加好之后"时间轴"面板中会有显示，如图2-8所示。单击转场，也就是视频轨道上的"立"字，在"效果控件"面板中能看到详细参数，如图2-9所示。

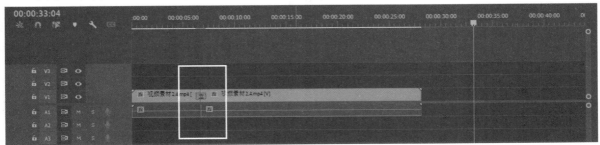

图2-8

图2-9

现在转场的"持续时间"为1秒，"对齐方式"为
"中心切入"，如图2-10所示。可以理解为从第1段视频
最后的0.5秒开始转场，一直到第2段视频的前0.5秒。
整个转场过程持续1秒，覆盖前后两段视频各0.5秒。

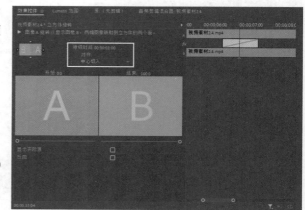

播放视频素材,6秒05帧（准备进入转场的前一帧）
如图2-11所示,6秒06帧（刚进入转场的第1帧）如图2-12
所示，画面左侧就开始出现立方体旋转的效果。

图2-10

图2-11

图2-12

6秒16帧（第1段视频的最后一帧）如图2-13所示，6秒17帧（第2段视频的第1帧）如图2-14所示。

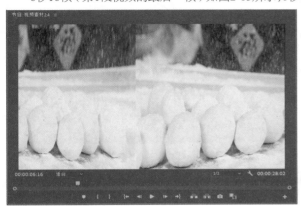

图2-13

图2-14

7秒04帧（转场效果的最后一帧）如图2-15所示，7秒05帧（转场结束）如图2-16所示。

图2-15

图2-16

回到"效果控件"面板，要自由控制转场的开始和结束，可以通过调整转场滑块来实现，如图2-17所示。例如将滑块调整到图2-18所示的位置，那么转场的大部分时间在第1段视频，很少的时间在第2段视频。

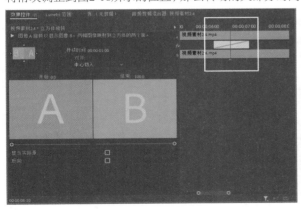

图2-17

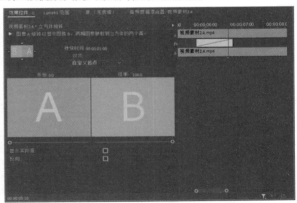

图2-18

☑ 提示 --

在添加转场的时候不一定非要让两段视频的转场时间相等，要根据具体情况自行把握。"效果控件"面板左下方的参数自行尝试即可，不同的转场会有不同的参数。

观察左上角的几个小三角形，如图2-19所示。这里的小三角形可以改变该转场效果的方向，其他的转场效果也一样，即可以通过这里的小三角形来改变转场方向。

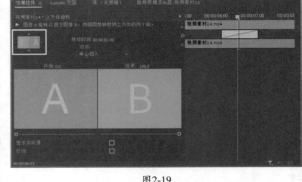

默认左右两个小三角形有黑边，表示选中的效果，此时立方体就是沿水平方向旋转的。如果单击上面或下面的小三角形，旋转方向就会改变，如图2-20所示，效果如图2-21所示。

图2-19

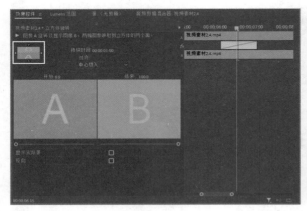

图2-20

图2-21

2.2.2 批量转场

如果一整段视频有许多个分段，且需要统一的转场效果，就可以应用批量转场，毕竟逐个应用的效率太低了。

将视频切成几段，如图2-22所示。现在要在这几段视频之间加上相同的转场，需要先设置一个默认转场。在"效果"面板中找到想要的转场（这里以"立方体旋转"为例），将鼠标指针移动到该转场上，单击鼠标右键，在弹出的菜单中选择"将所选过渡设置为默认过渡"命令，如图2-23所示。

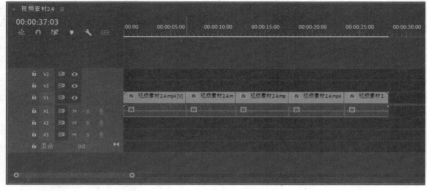

图2-22

图2-23

在"时间轴"面板中全选所有片段，如图2-24所示，在菜单栏中执行"序列>应用默认过渡到选择项"命令，如图2-25所示。

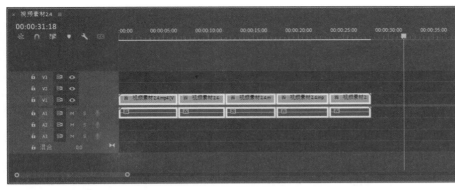 

| 图2-24 | 图2-25 |

这样就在所有片段之间加上了同一个转场效果，如图2-26所示（这里音轨上也有转场，用这个方法会为视频和音频添加默认转场，这里只自定义了视频转场为"立方体旋转"，音频的转场并没有修改）。

提示 ------------->

虽然添加时可以批量添加，但是如果要修改，还是需要一个一个地单独操作。

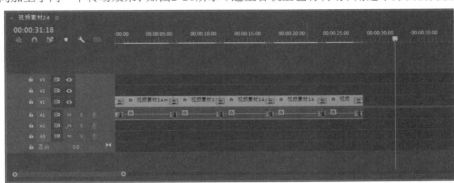

图2-26

2.3 Premiere自带转场效果

本章主要介绍Premiere自带的转场效果，另外，为了让读者能够掌握并灵活运用，还会介绍每一个转场效果的适用场景。

2.3.1 3D运动

"3D运动"中的转场效果如图2-27所示，只有"立方体旋转"和"翻转"。因为"立方体旋转"在前面已经讲过，这里就不多介绍了。继续用前面的视频例子讲解"翻转"的应用。

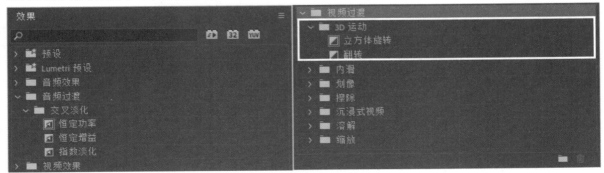

图2-27

添加"翻转"后,在"时间轴"面板的轨道上,转场处会有个"翻"字(所有的转场都会显示相应的名称,时间太短则显示的名称不完整,将转场时间调长就能看到全称),如图2-28所示。

播放视频素材,翻转的前段效果如图2-29所示,中段效果如图2-30所示,后段效果如图2-31所示。

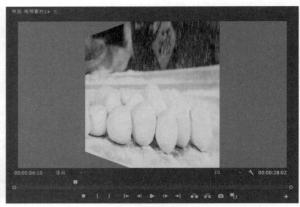

图2-28

图2-29

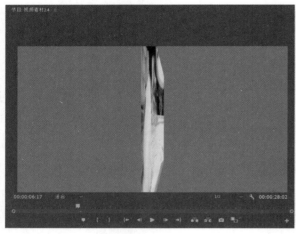

图2-30

图2-31

该效果就好像将一张纸片前后翻过来一样,在翻的时候背景颜色为灰色(这可以在"效果控件"面板中修改)。

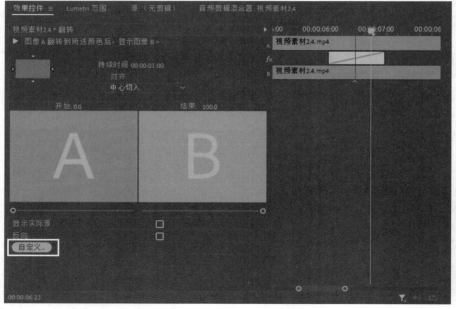

单击"效果控件"面板中的"自定义",如图2-32所示。打开的"翻转设置"对话框如图2-33所示。

图2-32

图2-33

"填充颜色"用于设置翻转时的背景颜色,"带"用于设置翻转时分为多少块,例如设置"带"为3,视频效果如图2-34所示。

📝 提示 --▶

"立方体旋转"和"翻转"都有一种强烈的"跳转感",本例的前后两段素材并不是对比强烈的素材,所以这两个转场并不适合本例的视频。"3D运动"中的转场更适用于前后对比强烈的素材,以及跳跃式展示的情况。

图2-34

2.3.2 内滑

"内滑"中的转场效果如图2-35所示,一共有6种效果,即"中心拆分""内滑""带状内滑""急摇""拆分""推"。

1.中心拆分

"中心拆分"的前段效果如图2-36所示,中段效果如图2-37所示,后段效果如图2-38所示。

图2-35

图2-36   图2-37   图2-38

它的作用就是将图像A分成4块并滑到角落以显示图像B。其参数需要调的一般都与边框有关,现在边框默认是没有的,因为"边框宽度"默认为0,将其改为5,如图2-39所示,效果如图2-40所示。另外,在宽度设置下面可以更改边框颜色。

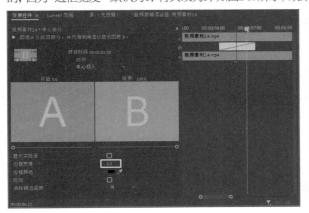 

图2-39   图2-40

2.内滑

"内滑"的前段效果如图2-41所示,中段效果如图2-42所示,后段效果如图2-43所示。它的效果是图像B内滑到图像A上,以覆盖图形A,其没有特殊的参数,能调整的也就只有边框。

3.带状内滑

"带状内滑"的前段效果如图2-44所示,中段效果如图2-45所示,后段效果如图2-46所示。其效果就是图像B在水平、垂直或对角线方向上以条形滑入,逐渐覆盖图像A。

图2-41

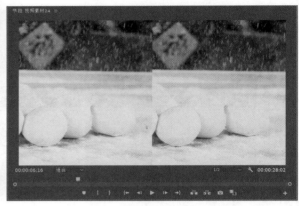
图2-42

图2-43

图2-44

图2-45

图2-46

"效果控件"面板中除了常规参数可以调整之外，需要注意的是"自定义"中的"带数量"，默认为7，如图2-47所示。"带数量"主要用于控制条形的数量，如果输入2并按Enter键，那么该转场效果如图2-48所示。

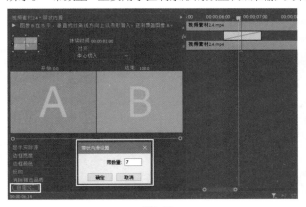

图2-47

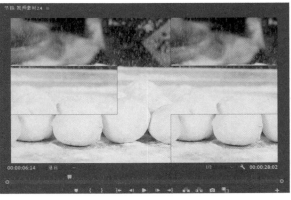

图2-48

4.急摇

"急摇"的效果如图2-49~图2-51所示，它给人一种拿着饮料急剧摇动而呈现出的模糊感觉。这种效果的"效果控件"面板中没有可调的参数。

图2-49

图2-50

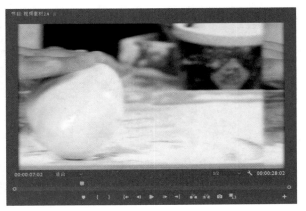

图2-51

5.拆分

"拆分"的前段效果如图2-52所示，中段效果如图2-53所示，后段效果如图2-54所示。其效果就是图像A拆分并内滑到两边，以显示图像B。这个效果也只需要调整边框参数，没有其他特殊参数。

6.推

"推"的前段效果如图2-55所示，中段效果如图2-56所示，后段效果如图2-57所示。该效果为图像B将图像A推到一边，与"内滑"有点像。建议在播放的时候细心观察，每个转场都是不同的，尽管有些看上去效果很接近。

图2-52

图2-53

图2-54

图2-55

图2-56

图2-57

☑ 提示 ---

这个视频素材尝试了各种"内滑"转场效果，发现效果不怎么好，这里视频素材A是一堆汤圆，素材B是单个面团的搓整。它们的关系是先展示整体，接着转到单独的制作，两者的关系是密切的，前后有一种"问答"的意思。

"内滑"中的各种效果都偏向于"翻篇"，就像我们拿着平板电脑去点菜，看到一个菜不喜欢，直接划过，再看下一个菜品。显然"内滑"中的转场效果并不适合该视频素材，其更适用于内容或意义差别比较大的片段。

2.3.3 划像

"划像"类转场的具体用法与前面讲的稍有不同，前面在应用转场效果时，素材A和素材B可以排列在同一条轨道上，如图2-58所示。但"划像"类转场不行，因为划像的效果是擦除图像A以显示图像B。既然要擦除，那么两个片段就需要有重叠的部分，例如将A放在B上面，用橡皮擦擦掉A的部分内容，在擦掉的部分就能看到下面的B。如果没有重叠部分，那么擦掉A一部分之后，擦掉的部分就是黑的，看不见B的内容。

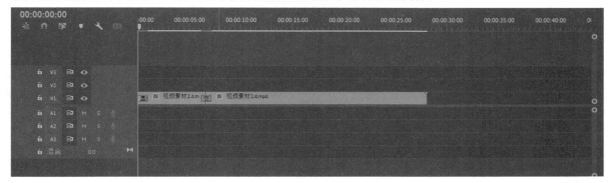

图2-58

因此，用"划像"类转场的时候两段素材应该如图2-59所示。让两段素材有重叠部分，这个重叠部分的时长就是转场的时长，转场放到上面素材的头部，如图2-60所示。"划像"中的转场效果如图2-61所示，有"交叉划像""圆划像""盒形划像""菱形划像"。

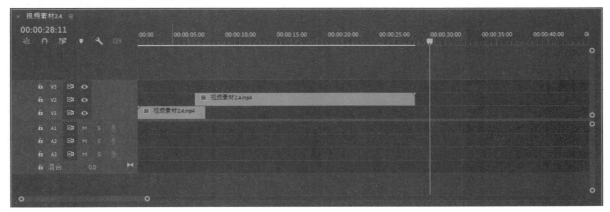

图2-59

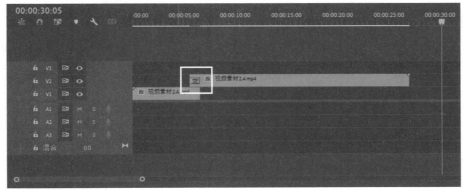

图2-60

图2-61

1.交叉划像

    "交叉划像"的前段效果如图2-62所示，中段效果如图2-63所示，后段效果如图2-64所示。该效果以交叉形状擦除，从而显示图像A下面的图像B。"效果控件"面板中没有特殊参数，都是常规参数。

2.圆划像

    "圆划像"的前段效果如图2-65所示，中段效果如图2-66所示，后段效果如图2-67所示。该效果以圆圈形状擦除，从而显示图像A下面的图像B。"效果控件"面板中没有特殊参数，都是常规参数。

图2-62

图2-63

图2-64

图2-65

图2-66

图2-67

3.盒形划像

"盒形划像"的前段效果如图2-68所示,中段效果如图2-69所示,后段效果如图2-70所示。该效果采用矩形擦除模式,以显示图像A下面的图像B。"效果控件"面板中没有特殊参数,都是常规参数。

4.菱形划像

"菱形划像"的前段效果如图2-71所示,中段效果如图2-72所示,后段效果如图2-73所示。该效果采用菱形擦除模式,以显示图像A下面的图像B。"效果控件"面板中没有特殊参数,都是常规参数。

图2-68

图2-69

图2-70

图2-71

图2-72

图2-73

☑ 提示 --->

"划像"类转场与"内滑"类转场有点像,不同的是"划像"类转场没有太强烈的"翻篇"感,但也适用于内容差别比较大的片段。注意,内容是需要有关联的,并不是直接取代。

至于不同的"划像"效果,就是形状不一样而已,根据当前素材的具体画面进行选择即可。

2.3.4 擦除

"擦除"类转场和"划像"类转场的用法一样，也需要两段素材有重叠的部分。"擦除"包含的转场效果如图2-74所示。可以说，"擦除"类转场的本质与"划像"类转场差不多，只是"擦除"类转场提供了大量不同类型的擦除方法，视觉效果更多、更丰富。

图2-74

1.划出

"划出"的前段效果如图2-75所示，中段效果如图2-76所示，后段效果如图2-77所示。该效果为移动擦除，以显示图像A下面的图像B。

2.双侧平推门

"双侧平推门"的前段效果如图2-78所示，中段效果如图2-79所示，后段效果如图2-80所示。该效果为图像B由中央往外打开，从图像A下面显示出来。

图2-75

图2-76

图2-77

图2-78

图2-79 图2-80

3.带状擦除

"带状擦除"的前段效果如图2-81所示,中段效果如图2-82所示,后段效果如图2-83所示。该效果为图像B在水平、垂直或对角线方向呈条形扫除图像A,并逐渐显示出来。"效果控件"面板中可以调整"带数量"。

4.径向擦除

"径向擦除"的前段效果如图2-84所示,中段效果如图2-85所示,后段效果如图2-86所示。该效果为扫掠擦除图像A,显示下面的图像B。

图2-81 图2-82

图2-83 图2-84

图2-85　　　　　　　　　　　　　　　　图2-86

5.插入

"插入"的前段效果如图2-87所示,中段效果如图2-88所示,后段效果如图2-89所示。该效果为插入式擦除,以显示图像A下面的图像B。

6.时钟式擦除

"时钟式擦除"的前段效果如图2-90所示,中段效果如图2-91所示,后段效果如图2-92所示。该效果为从图像A的中心开始擦除,以显示图像B。

图2-87　　　　　　　　　　　　　　　　图2-88

图2-89　　　　　　　　　　　　　　　　图2-90

图2-91　　　　　　　　　　　　　图2-92

7.棋盘

"棋盘"的前段效果如图2-93所示，中段效果如图2-94所示，后段效果如图2-95所示。该效果为交替擦除，以显示图像A下面的图像B。

8.棋盘擦除

"棋盘擦除"的前段效果如图2-96所示，中段效果如图2-97所示，后段效果如图2-98所示。该效果为通过棋盘形状显示图像A下面的图像B。

图2-93　　　　　　　　　　　　　图2-94

图2-95　　　　　　　　　　　　　图2-96

图2-97

图2-98

9.楔形擦除

　　"楔形擦除"的前段效果如图2-99所示，中段效果如图2-100所示，后段效果如图2-101所示。该效果为从图像A的中心开始擦除，以显示图像B。

10.水波块

　　"水波块"的前段效果如图2-102所示，中段效果如图2-103所示，后段效果如图2-104所示。该效果为来回进行块擦除以显示图像A下面的图像B。

图2-99

图2-100

图2-101

图2-102

图2-103   图2-104

11.油漆飞溅

  "油漆飞溅"的前段效果如图2-105所示,中段效果如图2-106所示,后段效果如图2-107所示。该效果为以油漆状飞溅的形式显示图像A下面的图像B。

12.渐变擦除

  "渐变擦除"的前段效果如图2-108所示,中段效果如图2-109所示,后段效果如图2-110所示。这种效果会根据用户选定的图像进行渐变擦除。

图2-105   图2-106

图2-107   图2-108

图2-109   图2-110

在"效果控件"面板中单击"自定义",可以自由选择图像和设置"柔和度",默认如图2-111所示。这个"自定义"设置比较重要,因为默认的效果有点粗糙,在工作中应用渐变效果一般都需要不断微调和观察其柔和度,从而得到匹配视频画面的最佳效果。

图2-111

13.百叶窗

"百叶窗"的前段效果如图2-112所示,中段效果如图2-113所示,后段效果如图2-114所示。该效果为水平擦除,以显示图像A下面的图像B。

14.螺旋框

"螺旋框"的前段效果如图2-115所示,中段效果如图2-116所示,后段效果如图2-117所示。该效果为以螺旋框形状擦除,从而显示图像A下面的图像B。

图2-112

图2-113

图2-114

图2-115

图2-116   图2-117

15.随机块

"随机块"的前段效果如图2-118所示,中段效果如图2-119所示,后段效果如图2-120所示。该效果为出现随机框,以显示图像A下面的图像B。

16.随机擦除

"随机擦除"的前段效果如图2-121所示,中段效果如图2-122所示,后段效果如图2-123所示。该效果为用随机边缘对图像A进行移动擦除,以显示图像A下面的图像B。

图2-118   图2-119

图2-120   图2-121

图2-122

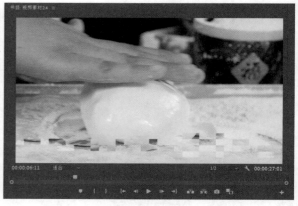

图2-123

17.风车

　　"风车"的前段效果如图2-124所示，中段效果如图2-125所示，后段效果如图2-126所示。该效果为从图像A的中心进行多次扫掠擦除，以显示图像B。

图2-124

图2-125

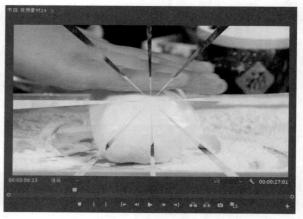

图2-126

☑ 提示

　　"擦除"类转场可以说本质上与"划像"类转场一样，"划像"类转场以常规形状擦除并显示图像。"擦除"类转场则以各种各样的方法擦除并显示图像。可以理解为"擦除"是"划像"的升级版，提供了更多的效果，所以其适用的场景与"划像"是大致相同的。

　　那有没有某些转场效果就一定要用于某些情况呢？答案是没有，这些都是根据经验灵活运用的。面对这么多的效果，初学的时候尽量每一个都尝试一下，用心感受它们给视频带来的视觉效果和情感效果，形成自己的理解。

2.3.5 沉浸式视频

"沉浸式视频"中的转场效果如图2-127所示。应用"沉浸式视频"类转场时，素材A和素材B既可以是连着的，也可以是重叠的。

图2-127

1.VR光圈擦除

"VR光圈擦除"的前段效果如图2-128所示，中段效果如图2-129所示，后段效果如图2-130所示。该效果为用VR模式的光圈来擦除图像A，以显示图像B。

对应的"效果控件"面板如图2-131所示。"沉浸式视频"中的转场与前面讲过的其他转场是完全不一样的，需要设置的都是VR属性，而不是常规的图形属性。这里的VR属性每一个"沉浸式视频"的转场都有，而且每个转场的VR属性都不同，所以制作每一个沉浸式转场时都应该查看"效果控件"面板，再调整相关参数并观察其变化。

图2-128

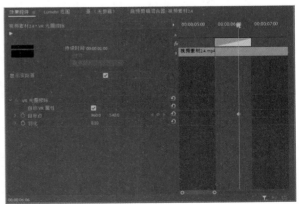

图2-129

图2-130

图2-131

2.VR光线

"VR光线"的前段效果如图2-132所示，中段效果如图2-133所示，后段效果如图2-134所示。该效果为VR光线效果。

它的"效果控件"面板中有非常多的参数，这里勾选"使用色调颜色"，如图2-135所示，以更好地观察转场效果。勾选后的效果如图2-136所示，现在看到蓝色的VR光线了，效果非常明显，这是相当关键的VR属性。

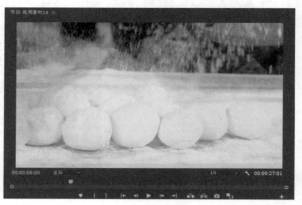

图2-132

图2-133

图2-134

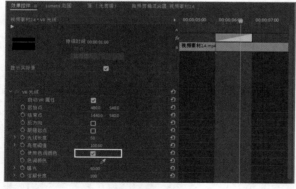

图2-135

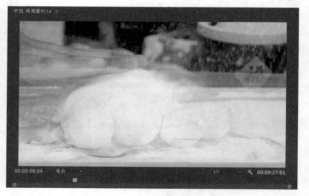

图2-136

3.VR渐变擦除

"VR渐变擦除"的默认效果并不是很好，这里先调参数，再演示效果。该效果为VR效果的渐变擦除。在"效果控件"面板中找到"渐变图层"，默认为"无"，如图2-137所示。将其设置为"视频2"，如图2-138所示，表示将视频轨道2上的视频作为渐变层来渐变，如果默认为"无"，那么这个转场效果就没有存在的意义了。

"VR渐变擦除"的前段效果如图2-139所示，中段效果如图2-140所示，后段效果如图2-141所示。

4.VR漏光

"VR漏光"的前段效果如图2-142所示，中段效果如图2-143所示，后段效果如图2-144所示。该效果为在图像A和图像B的过渡过程中进行VR漏光。

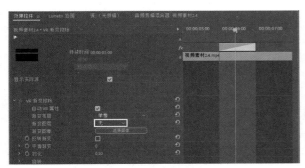
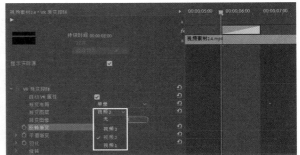

图2-137   图2-138

图2-139   图2-140

图2-141   图2-142

图2-143   图2-144

5.VR球形模糊

"VR球形模糊"的前段效果如图2-145所示，中段效果如图2-146所示，后段效果如图2-147所示。该效果为在图像A和图像B的过渡过程中进行VR球形模糊。

6.VR色度泄漏

"VR色度泄漏"的前段效果如图2-148所示，中段效果如图2-149所示，后段效果如图2-150所示。它用于在图像A和图像B的过渡过程中进行VR色度泄漏。

图2-145

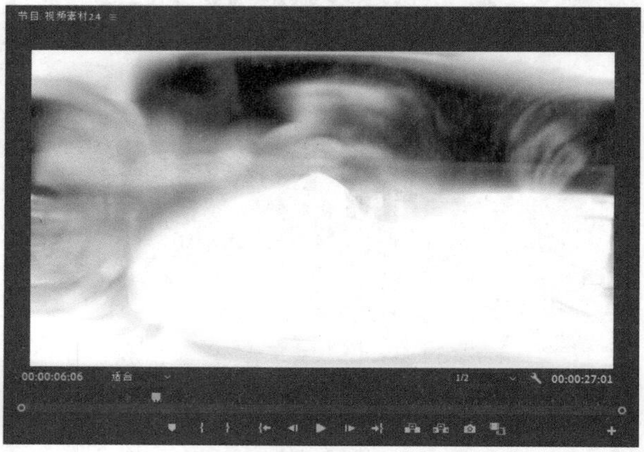

图2-146

图2-147

图2-148

图2-149

图2-150

7.VR随机块

"VR随机块"的前段效果如图2-151所示,中段效果如图2-152所示,后段效果如图2-153所示,它与"擦除"中的"随机块"本质上是一样的,只是这里是VR效果。

8.VR默比乌斯缩放

"VR默比乌斯缩放"的前段效果如图2-154所示,中段效果如图2-155所示,后段效果如图2-156所示。它就是在图像A和图像B的过渡过程中应用VR的默比乌斯缩放效果。

图2-151

图2-152

图2-153

图2-154

图2-155

图2-156

📌 提示

"沉浸式视频"中的转场效果应用比较广泛,大多数转场效果都有很好的视觉效果,在过渡转场的时候让人感觉自然、柔和,有一种沉浸在故事中的感觉,所以它一般不会用在一些对比强烈的场景,更多地使用在一些关联密切的场景,特别适合带有浓厚情感的故事,可以将观者的情感带入故事当中。

2.3.6 溶解

"溶解"中的转场效果如图2-157所示,应用时大部分都需要素材A和素材B有重叠部分,因为要溶解掉素材A以显示素材B。"非叠加溶解"则需要将素材平排,"黑场过渡""白场过渡"则两者都可以。

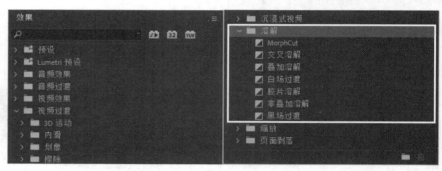

图2-157

1.交叉溶解

"交叉溶解"的前段效果如图2-158所示,中段效果如图2-159所示,后段效果如图2-160所示。该效果以交叉溶解的方式来溶解图像A,从而显示图像B。

2.叠加溶解

"叠加溶解"的前段效果如图2-161所示,中段效果如图2-162所示,后段效果如图2-163所示。该效果为图像A渐隐于图像B。

图2-158

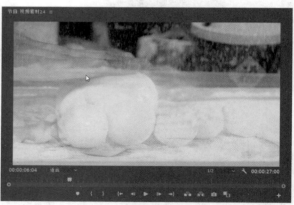

图2-159

图2-160

图2-161

图2-162 图2-163

3.白场过渡

"白场过渡"的前段效果如图2-164所示,中段效果如图2-165所示,后段效果如图2-166所示。该效果将白场用于图像过渡。

4.胶片溶解

"胶片溶解"的前段效果如图2-167所示,中段效果如图2-168所示,后段效果如图2-169所示。该效果为图像A线性渐隐于图像B。

图2-164 图2-165

图2-166 图2-167

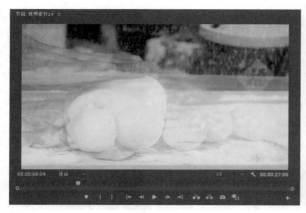 

图2-168   图2-169

5.非叠加溶解

"非叠加溶解"有点特殊，它并不像其他效果那样需要素材有重叠部分，它需要的是素材平排，如图2-170所示。

效果为图像A的明亮度映射到图像B，在这里两个素材的明亮度非常接近，很难看出差别，所以先将前段视频素材的颜色调一下，变成红的，便于区分。前段视频素材调色后的效果如图2-171所示，后段视频素材保持不变。

"非叠加溶解"的前段效果如图2-172所示，中段效果如图2-173所示，后段效果如图2-174所示。

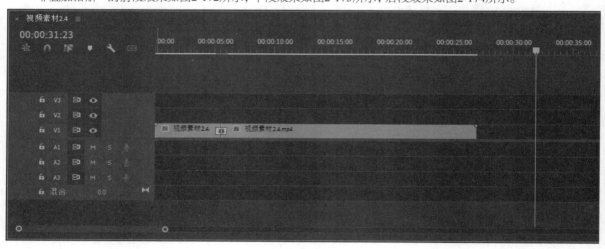

图2-170

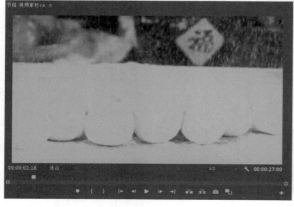 

图2-171   图2-172

图2-173

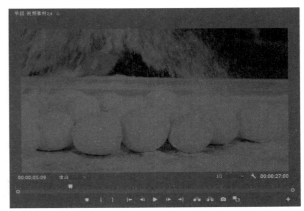

图2-174

6.黑场过渡

"黑场过渡"的前段效果如图2-175所示，中段效果如图2-176所示，后段效果如图2-177所示。"黑场过渡"效果和"白场过渡"一样，只是白场变成了黑场。

图2-175

图2-176

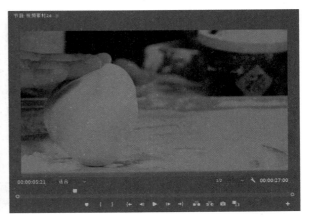

图2-177

☑ 提示 --

"溶解"类转场的适用情况跟"沉浸式视频"类转场有点像，虽然它没有VR效果那么强烈，但也能够很好地衔接关联密切、带故事线和情感的片段。假如两段视频素材有一定的关系，但关系不是非常密切，甚至带有轻微的转折，"沉浸式视频"类转场就不适用了，可以用"溶解"类转场。

2.3.7 交叉缩放

"缩放"中只有"交叉缩放"效果，如图2-178所示。应用时，素材既可以平排，也可以重叠。

图2-178

"交叉缩放"的前段效果如图2-179所示，中段效果如图2-180所示，后段效果如图2-181所示。它的效果是图像A放大，然后图像B缩小。

☑ 提示 ------------------------------

"交叉缩放"效果有很好的动感，"放大–缩小"的关系可以让图像A和图像B之间产生一种对应的因果关系。打个比方，如果图像A是某人正在入睡，图像B是他梦境里面的事情，就可以用"交叉缩放"效果，先放大入睡的样子，然后画面一缩，转到梦境里面去。当然，除了入梦，一些穿越、想象等既有动感转折又有因果关系的场景都可以使用这个转场。

图2-179

图2-180

图2-181

2.3.8 页面脱落

"页面脱落"中包含两个转场效果，如图2-182所示。应用时，素材既可以平排，也可以重叠。

图2-182

1.翻页

　　"翻页"的前段效果如图2-183所示，中段效果如图2-184所示，后段效果如图2-185所示。该效果为图像A卷曲以显示下面的图像B。

2.页面脱落

　　"页面脱落"的前段效果如图2-186所示，中段效果如图2-187所示，后段效果如图2-188所示。该效果是图像A卷曲并在后面留下阴影，以显示下面的图像B。

图2-183

图2-184

图2-185

图2-186

图2-187

图2-188

 提示 --

　　"页面脱落"类转场就好像翻书，但效果比较保守。它比较适合用来制作一些模式固定的PPT，例如用于公示的某流程的PPT，至于其他的场景，应用起来则不太理想。

2.4 转场应用实训

本节将模拟真实的工作环境，分析转场在工作中的应用。请读者记住，应用很简单，分析很重要。

案例实训：制作清吧主题短片

工程文件	工程文件 > CH02 > 案例实训：制作清吧主题短片
视频文件	案例实训：制作清吧主题短片.mp4
技术掌握	掌握分析素材的思路和了解相关转场的应用

现在来模拟一个真实的案例，通过这个案例讲解如何实现转场。因为是真实案例，所以案例中也会出现一些还没学到的知识点，读者不用着急，暂时没介绍的知识点在后续会详细讲解，例如字幕。现在必须将完整的作品呈现出来，才能更好地理解转场，效果如图2-189所示。

图2-189

1.客户需求

现在有一个做清吧的客户，要求我们做一个短视频，该短视频用于发布于网络和在清吧里播放，以实现清吧的推广。要求时长为60秒以内，在保证视频内容完整的基础上时长尽量短。

有些客户会将要求非常详细地说明，这种客户对短视频有一定的了解，自己有素材、文案，我们基本上直接按照他们的要求去做即可。而有些客户只要求时长多少，其他的全权交给我们去做。本案例只有时长要求，其他自由发挥，这就很考验创新能力了。

2.整理素材

了解了需求后就是拍摄素材，过程就不描述了，每个项目的拍摄素材环节都是必不可少的。在真实项目中，从拍摄素材开始，就需要准备好文案，根据文案去找素材（其实转场效果的选择也需要根据文案来确定）。

简单分析一下，清吧以社交为主，鸡尾酒是主要产品。那么我们拍摄的素材就应该以鸡尾酒为主角（这里应该跟客户详细沟通，分析客户的产品和店铺的定位及发展方向等）。

定好文案，用鸡尾酒展示爱情故事，将鸡尾酒拟人化。

拍摄的视频素材一共有6个，将这6个素材剪辑成一个60秒以内的通过鸡尾酒展开的爱情故事。视频素材1部分画面如图2-190 ~ 图2-192所示，这是一个33秒的服务员为鸡尾酒点起烟花并送出去的视频。

图2-190	图2-191	图2-192

视频素材2部分画面如图2-193 ~ 图2-195所示，这是一个38秒的鸡尾酒在烟花下从模糊到清晰的特写视频。

图2-193 图2-194 图2-195

视频素材3的某画面如图2-196所示，这是一个20秒的红色鸡尾酒放在河边，河水在动，酒没动的视频。

视频素材4的某画面如图2-197所示，这是一个25秒的蓝色鸡尾酒放在河边，河水在动，酒没动的视频（该视频是对应上个视频素材刻意拍的）。

视频素材5的某画面如图2-198所示，这是一个8秒的两杯酒在海边的视频。

视频素材6的某画面如图2-199所示，这是一个25秒的两杯酒在海边的视频。

图2-196 图2-197 图2-198 图2-199

☑ 提示

素材时长在拍摄的时候不用算得很精确，因为到最后都需要剪辑，但可以适当长一些，方便取材。

3.剪辑片段

01 打开Premiere，新建一个项目，记得设置好项目名称和保存位置，如图2-200所示。

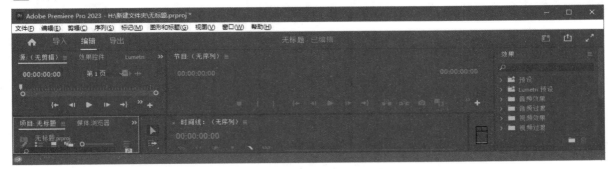

图2-200

02 在"项目"面板中单击"新建项"按钮，选择"序列"，如图2-201所示。序列设置如图2-202所示，这是常用的1080P的设置。

图2-201 图2-202

03 将6个视频素材全部导入Premiere中，"项目"面板如图2-203所示。

> **提示** ··
>
> 接下来就是剪辑成60秒以内（尽可能简短）的将鸡尾酒拟人化的短视频。这里就要跟着文案走了，文案的体现就是字幕（本案例并没有旁白，在清吧中播放旁白是没意义的，请务必根据具体情况去处理）。

图2-203

04 将视频素材1拖曳到时间轴上，如图2-204所示，这时会弹出一个对话框，如图2-205所示，单击"保持现有设置"，让素材属性调整为与设置好的序列一致。

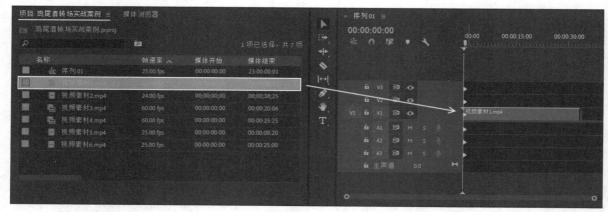

图2-204

> **提示** ··
>
> 如果素材跟序列的尺寸不一样，就要缩放素材，这里素材和序列都是1920×1080的，所以不用额外进行其他操作。

图2-205

05 现在的视频效果如图2-206所示。在时间码处输入1800并按Enter键，时间滑块就会定位到第18秒处，如图2-207所示，然后"用剃刀工具" 将视频素材1在第18秒处断开，如图2-208所示。

图2-206

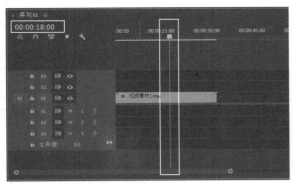

图2-207

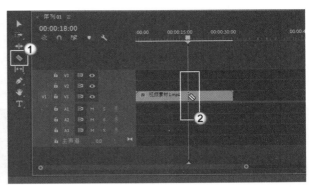

图2-208

06 选择"选择工具" ▶ ,选中后半段素材,如图2-209所示,按Delete键将其删除,如图2-210所示,现在只剩下前18秒的视频素材1了,这正是我们需要的部分。

图2-209

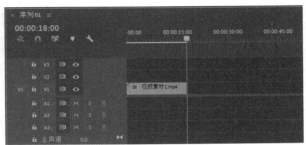

图2-210

☑ 提示 ------------------------->

因为这里主要讲解转场的应用,所以剪辑部分就不一一操作了,读者按顺序将其他的视频素材拖曳到时间轴中,再进行适当剪辑即可。剪辑的最终效果如图2-211所示。第0~18秒是视频素材1,第18~30秒是视频素材2,第30~35秒是视频素材3,第35~40秒是视频素材4,第40~45秒是视频素材5,第45~50秒是视频素材6,总时长为50秒。

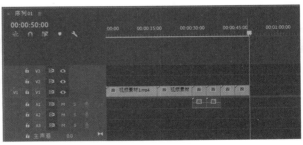

图2-211

4.清除音频

视频素材3和视频素材4是有音频的,其他视频素材没有,因为后面需要配上完整的背景音乐,所以视频素材3和视频素材4的原声是不需要的。框选视频素材3和视频素材4,如图2-212所示,单击鼠标右键,在弹出的菜单中选择"取消链接"命令,如图2-213所示。这样视频和音频就分离了,然后直接将音频删除即可。

图2-212

图2-213

5.补全字幕

　　播放视频,可以看到视频顺序与拍摄的素材顺序一致。6个素材,一共需要5个转场。对于这5个转场,大多数新手可能就是看哪个顺眼和好看,就用哪个。其实这是不行的,应根据当前视频要表达的情绪来选用合适的转场。这里将字幕和背景音乐补上,再添加转场。

　　视频素材1的字幕如图2-214~图2-217所示。

图2-214　　　　　　　　图2-215　　　　　　　　图2-216　　　　　　　　图2-217

　　视频素材2的字幕如图2-218~图2-220所示。

图2-218　　　　　　　　　　图2-219　　　　　　　　　　图2-220

　　视频素材3的字幕如图2-221所示。
　　视频素材4的字幕如图2-222所示。
　　视频素材5的字幕如图2-223所示。
　　视频素材6的字幕如图2-224所示。

图2-221　　　　　　　　图2-222　　　　　　　　图2-223　　　　　　　　图2-224

6.添加转场

　　在素材之间添加转场效果之前,播放一下,可以看到不添加转场时画面到画面是突然跳跃的,过渡非常生硬。那么Premiere自带那么多转场效果,该如何选择呢?这是我们需要思考的。

01 执行"窗口>效果"命令,如图2-225所示,"效果"面板就会出现在Premiere工作界面的右侧,如图2-226所示。

图2-225

图2-226

第2章 转场

02 展开"视频过渡"，可以找到Premiere自带的各种转场效果，这里先随便添加一个，例如"3D运动"中的"立方体旋转"，将其拖曳到视频素材1和视频素材2的分界线处，如图2-227所示。播放一下，转场效果如图2-228～图2-230所示。

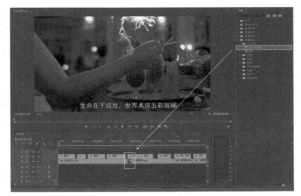

图2-227

📝 **提示** ────────────────────────⟩

视频画面就像一个盒子一样转过来，显然，根据视频的文案，这种感觉是不对的，用一个几何体生硬转场与视频所营造的氛围非常不搭，就像正在看爱情故事时，画风突然转变，沉浸感全被"抹杀"掉了。

因此，在选择转场的时候需要将视频文案主要表达的情感读懂，再去找能够表达这种情感的转场。

图2-228

图2-229

图2-230

03 用"沉浸式视频"中的"VR光线"代替"立方体旋转"，如图2-231所示。

04 将"VR光线"拖曳到视频素材1和视频素材2的分界线处，如图2-232所示。然后选择"VR光线"，单击鼠标右键，在弹出的菜单中选择"设置过渡持续时间"命令，如图2-233所示，设置"持续时间"为5秒，如图2-234所示。

图2-231

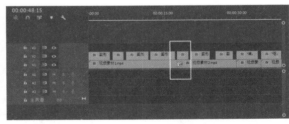

图2-232

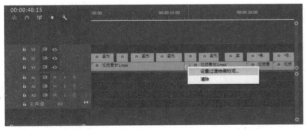

图2-233

图2-234

05 这里刻意将持续时间设置得长一些，播放一下，效果如图2-235～图2-237所示。现在的效果就十分匹配文案了，画面的过渡也非常自然，风格不但不会改变，反而还添加了更浓厚的情绪。

图2-235 图2-236 图2-237

☑ 提示 --→

转场的应用很简单，将画面情感分析到位，选择与文案相匹配的转场即可。用同样的方法将剩余的转场都添加上，重复的过程就不描述了。当然，以本案例为例，不一定每个转场都用一样的，可以自由发挥，甚至可以在每个素材之间添加不同的转场。

案例实训：制作一球绝杀宣传片

工程文件	工程文件 > CH02 > 案例实训：制作一球绝杀宣传片
视频文件	案例实训：制作一球绝杀宣传片.mp4
技术掌握	掌握胶片溶解和白场过渡的使用方法

在前面的实训中读者掌握了添加转场的思路，本例将制作一球绝杀宣传片，效果如图2-238所示。

1.客户需求

客户提供了几段视频素材，都来自一场篮球比赛的录像，要求制作一个15秒左右的一球绝杀视频，用于在球队网站上播放。客户要求有热血动漫的感觉。

图2-238

这是一个纯视频制作的单子，必须向客户了解清楚视频的序列、尺寸参数和其他要求，例如既然用于在他们的网站上播放，那么他们的网站有没有播放尺寸的限制，计算机端和手机端的播放尺寸有没有不同的要求等。

2.素材管理

像这种单子就不需要自行拍摄素材了。客户给了4段视频素材，视频素材1如图2-239～图2-241所示，内容是主角投篮动作的慢放。

图2-239 图2-240 图2-241

视频素材2为该投篮动作的特写，如图2-242～图2-244所示。

图2-242 图2-243 图2-244

视频素材3是球进篮时的片段，如图2-245～图2-247所示。

图2-245　　　　　　　　　图2-246　　　　　　　　　图2-247

视频素材4是球进篮的另一个角度，如图2-248～图2-250所示。

图2-248　　　　　　　　　图2-249　　　　　　　　　图2-250

3.剪辑片段

想象一下制胜球的投出，比赛场上的"绝杀"，让人感觉十分热血，那么转场就不能选择"温柔"的，这里先将4个素材剪辑成15秒左右的视频，再添加合适的转场。

01 新建一个序列，这个序列根据客户要求设置即可，这里使用常规的1080P，如图2-251所示。将4个视频素材拖曳到"项目"面板中，如图2-252所示。

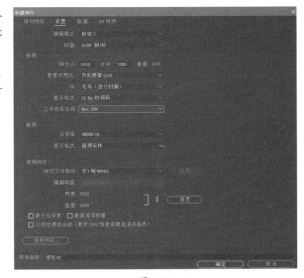

图2-251

名称	帧速率	媒体开始	媒体结束	媒体持续时间	视频入点	视频出点
1.mp4	25.00 fps	00:00:00:00	00:00:17:21	00:00:17:22	00:00:00:00	00:00:17:2
2.mp4	25.00 fps	00:00:00:00	00:00:10:13	00:00:10:14	00:00:00:00	00:00:10:1
3.mp4	25.00 fps	00:00:00:00	00:00:21:00	00:00:21:01	00:00:00:00	00:00:21:0
4.mp4	25.00 fps	00:00:00:00	00:00:22:20	00:00:22:21	00:00:00:00	00:00:22:2
序列 02	25.00 fps	00:00:00:00	23:00:00:01	00:00:00:01	00:00:00:00	23:00:00:0

图2-252

02 将视频素材1拖曳到"时间轴"面板中,然后将时间线调到第5秒处,切断视频。如图2-253所示。继续在第9秒处切断视频,如图2-254所示。这样就保留了一个完整的投篮动作,然后删掉多余的视频片段(一共4秒)。

图2-253 图2-254

03 将视频素材2拖曳到"时间轴"面板中,平排在视频素材1后面。视频素材2只保留前4秒,所以将时间线调到第8秒处,切断视频素材2,如图2-255所示。这样就保留了视频素材2的前4秒片段,其中的动作跟视频素材1是一样的,只是现在是特写,再将多余的片段删除掉,如图2-256所示。

☑ 提示 --->

视频素材3和视频素材4的剪辑就有些不同了,因为要体现运动感、热血感,那么镜头就需要频繁切换。因为视频素材3和视频素材4是球进篮筐的不同角度,所以可以将它们制作成频繁的镜头切换(其实这里最好混入一些观众、教练、后备队员的表情特写,不过客户没有提供)效果,当球投出去后,视频素材3和视频素材4来回切换,再配合转场,就可以体现绝杀时的紧张感。

图2-255 图2-256

04 将视频素材3拖曳到轨道2中,放在最前面,等剪辑完再放回视频素材2之后,如图2-257所示。同理,将视频素材4拖曳到轨道3中,如图2-258所示。这样做是为了剪辑时方便调时间帧,当然直接放在视频素材2后面剪辑也是可以的。

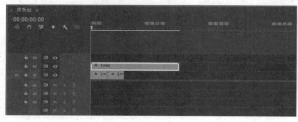

图2-257 图2-258

05 现在分配一下时间，15秒的片子，前面的投篮动作占了8秒，那么最后球进篮筐这段就用7秒来表现。截取视频素材3的第0～4秒，放到轨道1的视频素材2之后，如图2-259所示。截取的片段效果如图2-260和图2-261所示，即进球前的轨迹展示。

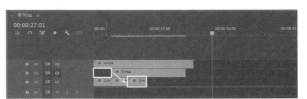

图2-259

图2-260 图2-261

06 对于视频素材4，截取其第5～9秒，将它平放到轨道1上，如图2-262所示。效果是进球前从另一个角度看到的球的运动轨迹，如图2-263和图2-264所示。

图2-262

图2-263

图2-264

07 现在有了16秒的片段，下面就要表现球在空中到进球的画面。这段可以做急剧的跳转效果，先对视频素材3进行截取，使用球在空中到进球的片段，一共4秒；视频素材4同样也截取4秒，如图2-265所示。视频素材3的表现效果如图2-266和图2-267所示，视频素材4的表现效果如图2-268和图2-269所示，都是球在空中到进球的片段。

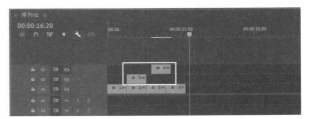

图2-265

图2-266

图2-267

| 图2-268 | 图2-269 |

08 将视频素材3和视频素材4都分别切为4段，如图2-270所示。将它们排列到轨道1上，平排在后，注意这里要做一个视角迅速转换的效果，那么排列就应该是视频素材3为第1段，视频素材4紧跟第1段，视频素材3为第2段，素材4紧跟第2段，即两个素材之间分段交互排列，如图2-271所示。

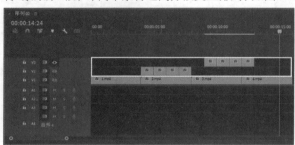
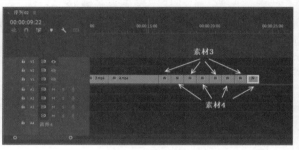

| 图2-270 | 图2-271 |

4.添加转场

01 这里一共需要安排11个转场。前面投篮动作、特写和球刚投出去等都是连续性动作，有一定关联，而且这是一场比赛，那么"沉浸式视频"和"溶解"中的转场就很适合了。前3个转场可以使用"胶片溶解"，如图2-272所示，位置如图2-273所示，转场效果如图2-274所示，非常好地融合了前后的片段，前3个转场将投篮的动作表现得非常好。

图2-272

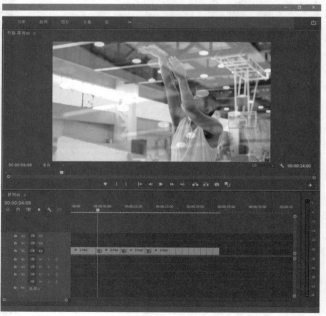

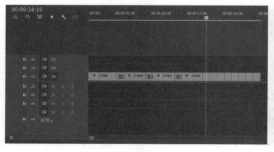

| 图2-273 | 图2-274 |

02 对于后面进球角度互换的部分，需要表现出强烈的紧张感，球还没有进之前会有连续的画面改变，在情感上虽然要制作出"强烈"的感觉，但是看太"强烈"的画面会让眼睛难受，所以需要找到平衡点。这里使用"白场过渡"比较合适，将"白场过渡"的时间缩短，增加速度感，就会有十分紧张的效果。另外，视频素材白色内容多，"白场过渡"能很好地融合画面。"白场过渡"如图2-275所示，在视频素材上的位置如图2-276所示。这里的"持续时间"为10帧，如图2-277所示。

图2-275

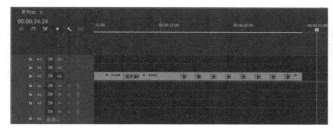

图2-276

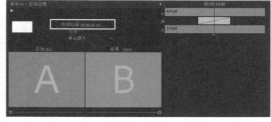

图2-277

☑ **提示** ---

建议读者播放视频，截图看不出连续的效果。剩下的就是标语字幕和背景音乐的添加，请读者自行完成。

案例实训：制作萌宠广告动图

工程文件	工程文件 > CH02 > 案例实训：制作萌宠广告动图
视频文件	案例实训：制作萌宠广告动图.mp4
技术掌握	掌握"风车"转场的使用方法

前面两个案例制作的都是视频转场，本例将制作一个GIF动图，如图2-278所示。

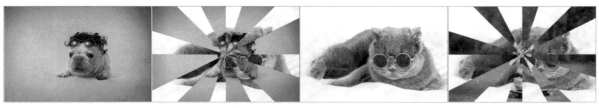

图2-278

1.需求与素材

客户是一个萌宠摄影比赛的主办方，要求制作一张2秒内的动图，用于网络广告投放。客户提供了4个图片素材，如图2-279~图2-282所示。

图2-279

图2-280

图2-281

图2-282

☑ **提示** ---

其实用Premiere处理视频素材和图片素材是一样的，图片可以理解为画面的定格，它还是可以按时长播放。

2.处理素材

01 将全部素材拖曳到"项目"面板中，如图2-283所示。现在看到这些图片都显示为5秒，这是Premiere默认给了图片5秒的播放时间。

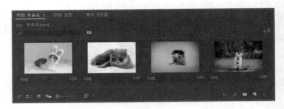

图2-283

02 将图片1拖曳到"时间轴"面板，如图2-284所示，"项目"面板中会多一个序列，如图2-285所示，也就是说系统已经以图片1为基准自动创建了序列。

图2-284

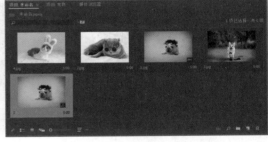

图2-285

03 客户要求的是2秒的动图，现在一张图都有5秒了，肯定是需要修改的。使用鼠标右键单击图片1，在弹出的菜单中选择"速度/持续时间"命令，如图2-286所示，设置"持续时间"为12帧（帧频为25帧/秒），如图2-287所示。

图2-286

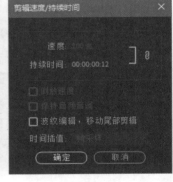

图2-287

04 用同样的方法将其余3个图片素材都设置为12帧的播放时长，然后并排放好，如图2-288所示。注意，图片2和图片4的尺寸与图片1和图片3不一样，可以在"节目"面板中看到图片2和图片4是有黑边的，如图2-289所示。

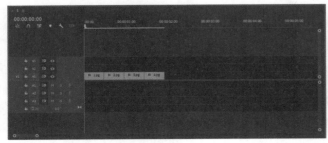

图2-288

图2-289

05 双击"节目"面板中的图片,四周会弹出控制点,如图2-290所示。调整控制点,让图片覆盖黑边,如图2-291所示。

图2-290 图2-291

☑ 提示 ----------------------------------

完整播放需要的时间大概为1秒半,效果为4张图片的切换。目前没有转场,网络上的动图广告很多也是没有转场的,给人"一闪一闪"的感觉,即图片之间跳转生硬。其实,不带转场的动态图也适合在网络上投放。

3.添加转场

如何吸引他人来看这个广告图,或者说单击这个广告图?一个网站中有很多动图广告时,如果不带转场,效果还是可以,但很普通。当然,如果一个网页中只有静图,没有动图,那么不带转场是完全可以的。

现在要做的就是跟其他动图做对比,让观众看到我们的动图。很重要的一点就是"动"并不是不管美观性,一味乱"闪"。可以选择动态的转场来制作动态图,前面实训中的"沉浸式视频"和"溶解"转场效果太柔和了,视觉冲击感比较弱,这里选择"擦除"中的"风车"转场,如图2-292所示。

图2-292

01 在"风车"的"效果控件"面板中设置"持续时间"为5帧,如图2-293所示。在每个图片素材之间都添加一个"风车"转场,如图2-294所示。

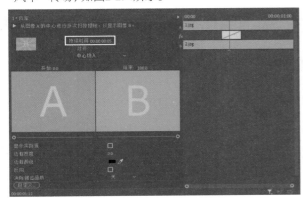 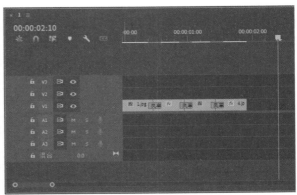

图2-293 图2-294

02 播放以查看效果，如图2-295～图2-298所示，1秒半的时间内有4张图片在变化，变化时给人以风车转动的动态感，这样的效果在网页上能够吸引浏览者的目光。

图2-295   图2-296

图2-297   图2-298

☑ **提示** ··

　　关于GIF动图的导出，在本书提供的教学视频中会详细讲解。这里为什么不加色彩，让图片变得更"闪"呢？要考虑到，客户给的是参加摄影赛的作品，这些摄影作品代表了其作者的摄影水平，绝不能乱改，只能添加一些不影响美观的转场效果。

2.5 总结与训练

　　本章主要讲了转场的基本用法，介绍了Premiere自带的所有转场效果及适用场景。注意，在学了转场之后，要明白转场的应用更需要的是分析案例以匹配当前客户的需求，视觉效果、情感表达、视频的用途等都是需要考虑的。学习完本章后，请读者做以下训练。

　　训练1：将本章提供的素材剪辑合成为一段短片，应用各种转场并观察其效果，熟练使用软件。

　　训练2：选择你认为适合的转场作为最终效果，分析这个转场为这段视频带来了什么感觉。

第 3 章

关键帧

关键帧是视频制作的核心部分，关键帧与视频的关系相当于图层与图片的关系，即关键帧对于 Premiere 的重要性不亚于图层对于 Photoshop 的重要性。本章将主要介绍关键帧的基本操作和如何使用关键帧来控制视频的播放节奏。

本章学习要点

▶ 掌握关键帧的操作方法

▶ 掌握"运动"属性的应用

▶ 了解匀速与非匀速的区别

▶ 制作运动效果

3.1 关键帧的应用

可以将关键帧理解为临界点，即姿态或动作发生变化的临界点，例如前一秒在往上走，下一秒往下走，那么转向的那一帧就是关键帧。关键帧在视频领域各方面都有应用，在视频制作中就如同"经脉"，连通一切，没有它，就没有动作。下面用例子来讲解关键帧的使用要领。

现在视频轨道上有一张图片，这张图片的播放时长为5秒，没有任何动态效果，如图3-1所示。

图3-1

如果要使这5秒播放的图片是动态的，就需要用到关键帧。选择图片素材，打开"效果控件"面板，如图3-2所示，这里有"运动""不透明度""时间重映射"属性，通过控制这些关键帧属性可以实现素材的运动效果。

展开"运动"属性，如图3-3所示。"运动"中的常规动态属性为"位置""缩放""旋转"。下面用"缩放"属性来讲解关键帧的用法。

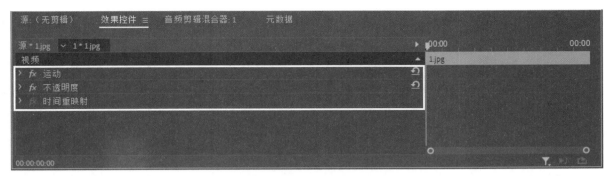

图3-2

图3-3

3.1.1 在"效果控件"面板中调整

现在希望第0~2秒图片的大小不变，从第2秒开始图片慢慢缩小，到第5秒图片缩小到看不见。

01 将时间滑块调到第0秒0帧，如图3-4所示，单击"效果控件"面板中"缩放"前的"切换动画"按钮 ，开启"缩放"属性，系统会在第0帧为图片添加一个关键帧，如图3-5所示。

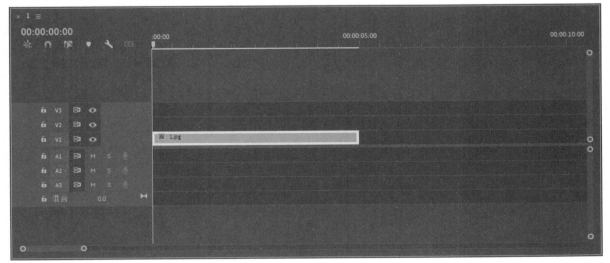

图3-4

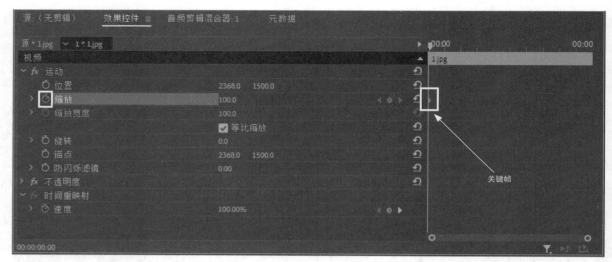

图3-5

02 将时间滑块调到第2秒处，如图3-6所示，"缩放"参数没有变化，还是100。单击"添加关键帧"按钮◉，如图3-7所示。

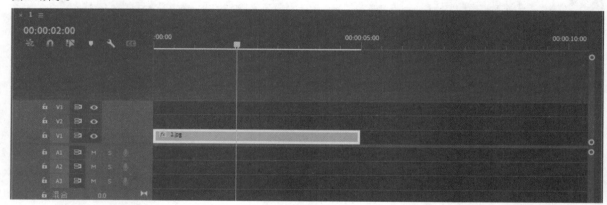

图3-6

图3-7

📝 提示

因为第0~2秒的图片是没有变化的，这里设置一个关键帧，让第0秒的"缩放"值为100，为第2秒也设置一个关键帧，让其"缩放"值也为100，那么从第0秒开始，到第2秒结束，图片是没有变化的。

03 第2~5秒的图片是慢慢变小直至不可见，因此将时间滑块调到最后一帧，如图3-8所示。在"效果控件"面板中单击"添加关键帧"按钮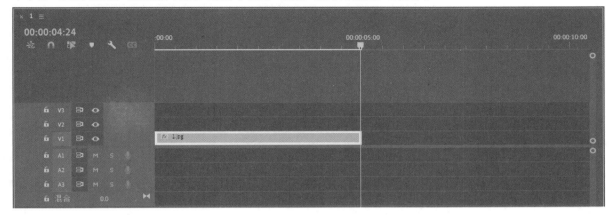，如图3-9所示，设置"缩放"值为0，如图3-10所示。

图3-8

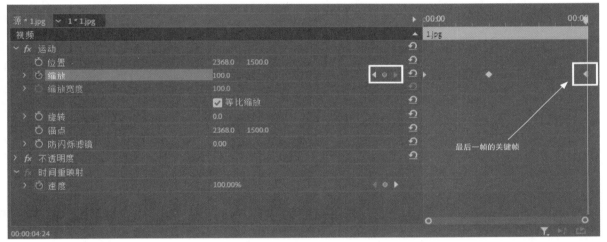

图3-9

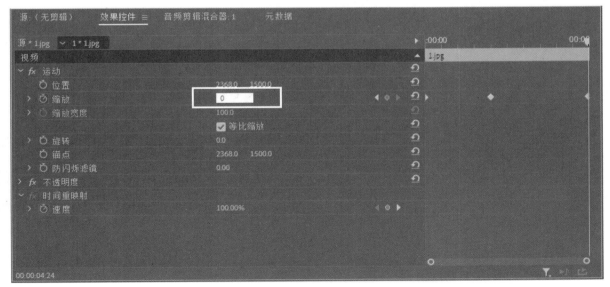

图3-10

04 可以预见的是从第2秒开始到最后一帧，图片会慢慢缩小直至消失。在"节目"面板中播放效果，如图3-11~图3-14所示。

图3-11

图3-12

图3-13

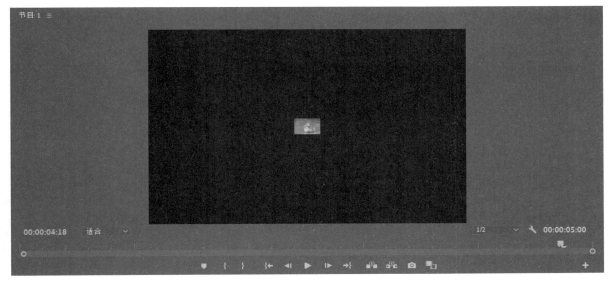

图3-14

关键帧的基本用法就是这样，在需要变化的时候打上关键帧，改变相关属性的参数，让它跟上一个关键帧有属性的变化从而得到相应的运动效果。"效果控件"面板中所有的参数用法都一样，只是效果不同而已。

3.1.2 在轨道中调整

除了可以在"效果控件"面板中调整关键帧，还可以直接在视频轨道上调整。

01 将鼠标指针移动到两个视频轨道之间，鼠标指针会发生变化，出现上下箭头，如图3-15所示。往上拖动，视频轨道就会变宽，如图3-16所示。

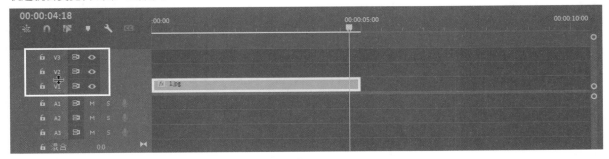

图3-15

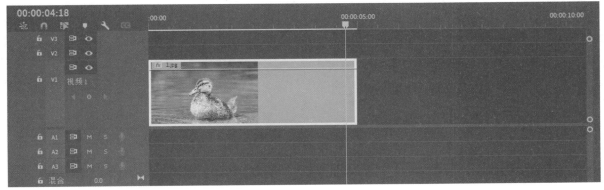

图3-16

02 在这个轨道中可以看到一条线，这就是关键帧线，如图3-17所示。刚才添加的关键帧，为什么这里没有都显示？因为轨道不能将所有属性的关键帧线都显示出来，所以需要手动调整。将鼠标指针移动到视频轨道左上角的 *fx* 字样上，单击鼠标右键，弹出的菜单如图3-18所示。

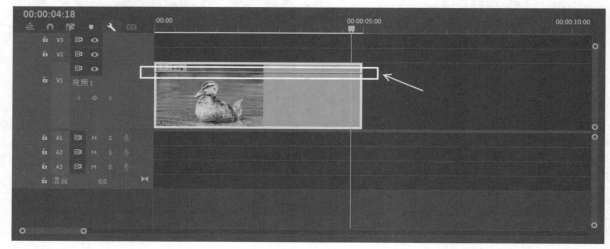

图3-17

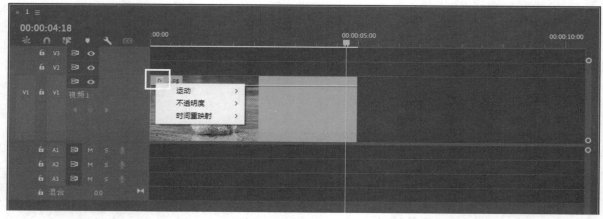

图3-18

03 现在显示的是默认的"不透明度"属性的关键帧线，将鼠标指针移动到"不透明度"命令上，就会看到它的子菜单中的"不透明度"前面有个黑色圆点，表示当前属性，如图3-19所示。

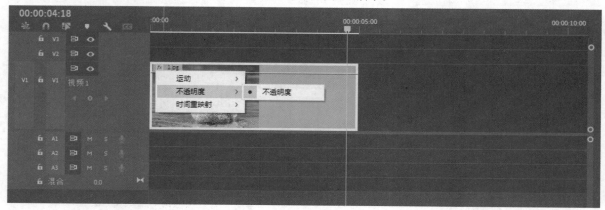

图3-19

04 因为前面设置的是"缩放"关键帧，所以执行"运动>缩放"命令，如图3-20所示。轨道上面显示的就是"缩放"属性的关键帧线了，也就能看到刚才添加的关键帧了，如图3-21所示。

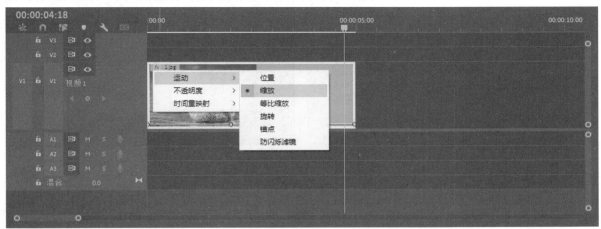

图3-20

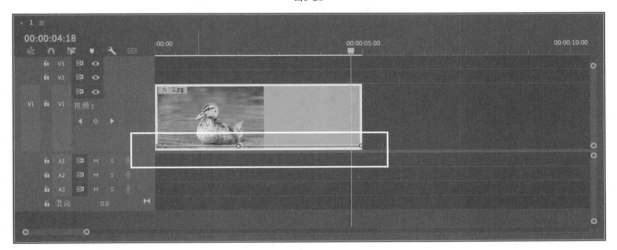

图3-21

☑ 提示 --

　　在"效果控件"面板中设置好基础的关键帧后，可以继续在轨道中手动调整关键帧的位置，以改变属性参数。在这条水平的关键帧线上，点的位置往上表示变大，往下表示缩小。建议先在"效果控件"面板中慢慢调整，当有一定经验的时候再到视频轨道中直接调整。

3.2　运动属性的应用

　　本节主要介绍"位置""缩放""旋转"这3个基本运动属性的应用方法，运动的本质是位置变化（位移）、旋转和缩放。在前面已经用"缩放"属性讲解了关键帧的用法，本节将介绍"位移"和"旋转"属性。

3.2.1 位移

　　为了方便理解，将前面图片中的鸭子用Photoshop抠出，现在就有了两张图片素材，背景图片素材1如图3-22所示，鸭子图片素材2如图3-23所示。

图3-22 图3-23

01 将两张图片拖曳到"时间轴"面板中，使背景在轨道1，鸭子在轨道2，如图3-24所示。

图3-24

02 双击"节目"面板里的鸭子，激活图片的控制点，如图3-25所示。注意在这些控制点中，中间的大圆点表示图片位置的坐标就是以这个圆点为基准的（即坐标原点），将鼠标指针移上去，鼠标指针的形状会发生变化，如图3-26所示，这时移动这个圆点就可以改变图片的坐标原点。

图3-25

图3-26

03 注意，一般情况下都不会刻意改变图片的坐标原点，只要鼠标指针不在圆点上，都可以拖曳改变图片的位置，例如现在将鸭子往左边移动一些，如图3-27所示。

图3-27

04 现在制作一个位移动作。将鸭子移动到右边，打开"效果控件"面板，在第0帧处激活"位置"属性的关键帧，即在第0帧添加一个关键点，这个关键点的位置坐标为（965,1480），如图3-28所示。

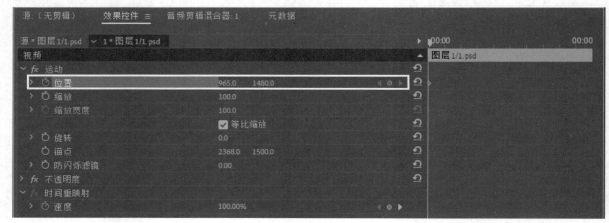

图3-28

05 将时间滑块调到最后一帧，如图3-29所示，在"效果控件"面板中单击"位置"的"添加关键点"按钮 ◙ ，如图3-30所示。

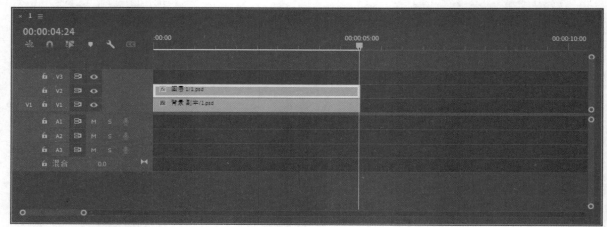

图3-29

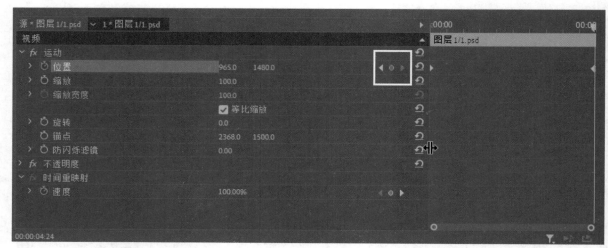

图3-30

06 下面改变"位置"的参数，可以在"效果控件"面板中直接输入坐标值，如图3-31所示。当然，也可以在"节目"面板中手动拖曳图片来改变其位置，如图3-32所示。

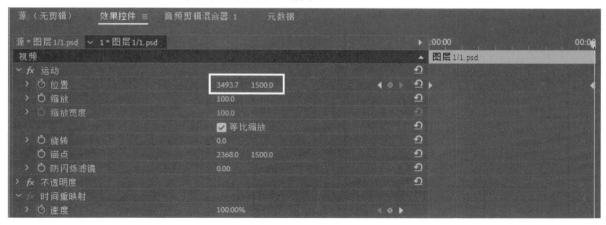

图3-31

图3-32

☑ 提示 --

播放一下效果，鸭子从左边移动到了右边。

3.2.2 旋转

01 单击"效果控件"面板中"位置"前面的"切换动画"按钮 ，如图3-33所示，会弹出一个警告对话框，如图3-34所示，单击"确定"按钮可以将之前的"位移"动画关闭。

图3-33

图3-34

111

02 现在需要鸭子从第0帧开始顺时针旋转，到最后一帧刚好旋转一周。将时间滑块调到第0帧，单击"旋转"前的"切换动画"按钮，如图3-35所示。

图3-35

03 将时间滑块调到最后一帧，单击"旋转"的"添加关键点"按钮，如图3-36所示，设置"旋转"值为360，这里系统会为"旋转"设置默认单位"度"，如图3-37所示。

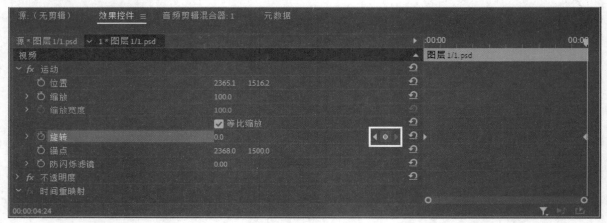

图3-36

图3-37

☑ 提示 --

播放效果后，可以看到鸭子从第0帧开始顺时针旋转，到最后一帧时刚好旋转了一周。至于"运动"中的其他属性，用法也是一样的，自行尝试即可。注意，动画的根本离不开位移、缩放和旋转这三大操作。

3.3 匀速与非匀速

在学会了运动的三大操作后，可以将前面学习的运动理解为都是匀速进行的，例如位移，鸭子从左边运动到右边，是匀速的。默认情况下动作都是匀速的。下面介绍非匀速运动，这里使用"位置"属性来讲解，鸭子从第0帧开始往右移动，到最后一帧停止。现在"效果控件"面板如图3-38所示。

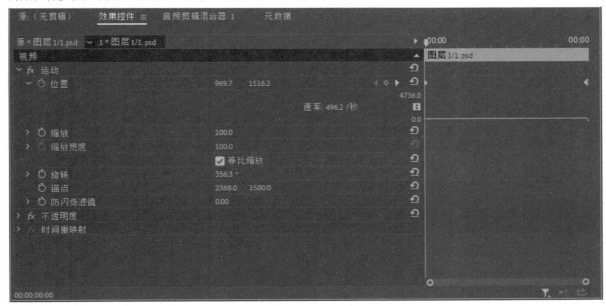

图3-38

01 将"效果控件"面板右边的"时间轴"面板放大一些便于观看。将鼠标指针移动到"时间轴"面板边缘，鼠标指针发生变化，向左侧拖曳即可放大面板，如图3-39所示。

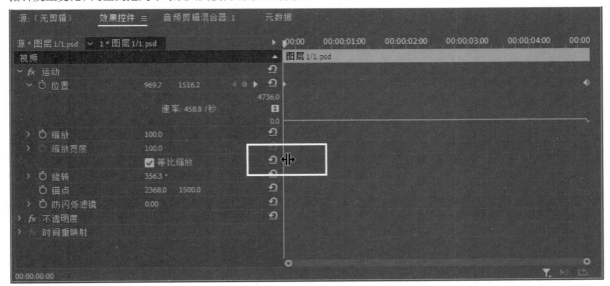

图3-39

✅ 提示 --

"时间轴"面板中有两个关键帧，下面有一条线。关键帧就是之前打上的关键帧，下面的线代表运动速率。两个关键帧之间的线是直线，表示运动速率一直不变。

02 单击任意一个关键帧，速率线会出现关键帧和延伸出来的蓝色手柄，如图3-40所示。调整速率线上的点可以改变动画的运动速率，现在的速率为458.8/秒，如图3-41所示。

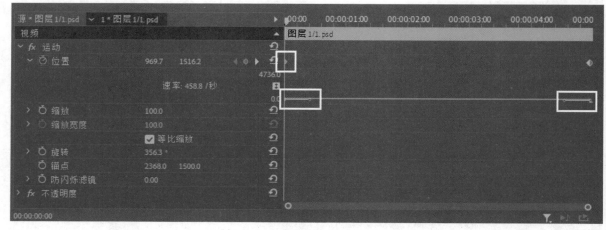

图3-40

图3-41

03 将鼠标指针移动到蓝色手柄上，将速率线调整为图3-42所示的形状，现在起始点的速率为4333.7/秒，也就是说鸭子开始的时候移动速度很快，然后速度变慢，降到458.8/秒直至结束运动。

图3-42

04 播放效果,可以看到鸭子在非匀速地往右移动。除了可以在"效果控件"面板中调整速率,熟练后还可以直接在"时间轴"面板的视频轨道中调整。在视频轨道中调出"位置"的关键帧线,如图3-43所示。轨道上也会显示出与"效果控件"面板中一样的速率线,如图3-44所示。

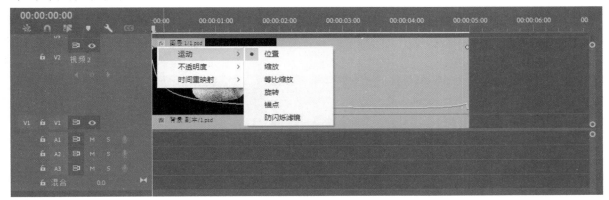

图3-43

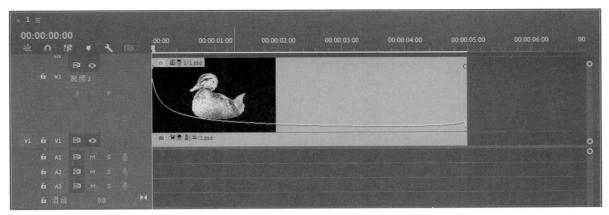

图3-44

05 将鼠标指针移动到关键帧上,单击鼠标右键,在弹出的菜单中可以选择用于调整曲线的命令,这些命令都能调整曲线的形态,如图3-45所示。

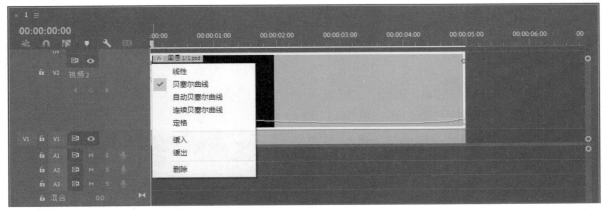

图3-45

☑ 提示

　　调整速率线的原理很简单,直线表示匀速,往上表示提高速率,往下表示降低速率,调整速率线的形态就能控制动画的运动速率。

案例实训：合成片头旋转文字

工程文件	工程文件＞CH03＞案例训练：合成片头旋转文字
视频文件	案例训练：合成片头旋转文字.mp4
技术掌握	掌握"旋转"关键帧动画的制作方法

　　合成运动的素材通常出现在一些片头的制作中，或者在正片中让素材跟随画面中的东西移动。片头文字的旋转效果如图3-46所示。

图3-46

1.整理素材

　　视频素材是一段10秒的片头背景，如图3-47所示。图片（文字）素材是该片头的标题，如图3-48所示。

图3-47　　　　　　　　　　　　　　　　图3-48

2.制作要求

　　本实训的制作要求有3个。

　　第1个：从第0帧开始到第8秒，该片头的标题从背景中间的光点沿着地板慢慢地向观众移动。

　　第2个：最后两秒内标题归位到画面的正中间。

　　第3个：归位的过程中有顺时针旋转一周的动作。

3.制作步骤

01 导入素材，然后将素材拖曳到"时间轴"面板中，如图3-49所示，目前标题的时长与背景视频不一样，因此可以将它的持续时间调整为与视频素材一样，即10秒，如图3-50所示。

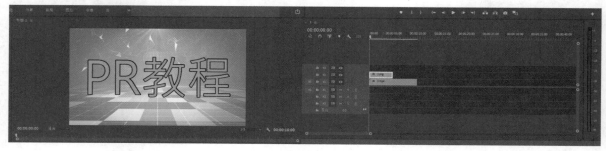

图3-49

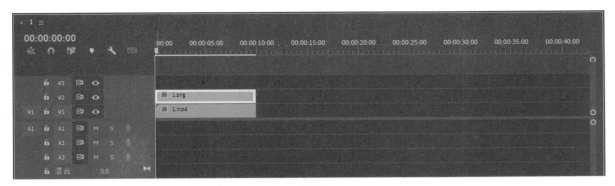

图3-50

02 调整时间滑块到第0帧，将标题素材缩小，并放在背景中间的光点处，如图3-51所示。在"效果控件"面板中激活"位置"和"缩放"关键帧，如图3-52所示，这样就在第0帧创建好了"位置"和"缩放"关键帧。

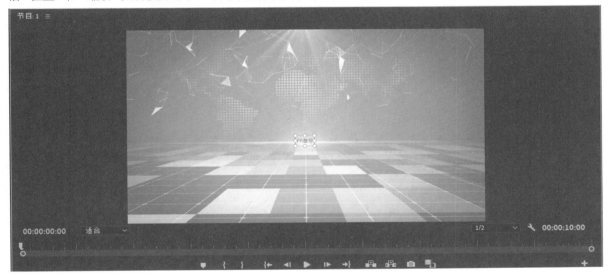

图3-51

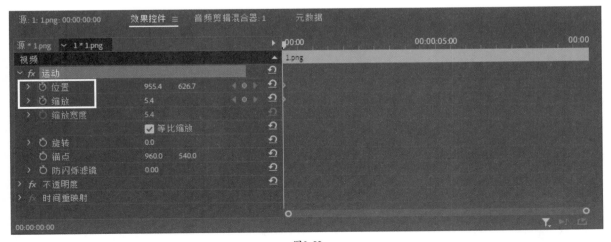

图3-52

☑ 提示 -------

　　现在的效果要求是标题从第0帧～第8秒向观众移动，离观众越近，画面就变得越大，所以这是"缩放"关键帧动画。其次是沿着地面移动，需要控制"位置"属性。

03 将时间滑块调到第8秒处，如图3-53所示。在"效果控件"面板的"位置"和"缩放"中分别单击"添加关键点"按钮，如图3-54所示。这样就在第8秒创建好了"位置"和"缩放"关键帧。

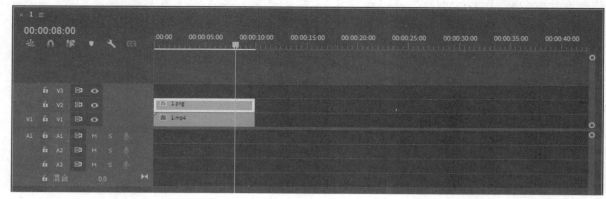

图3-53

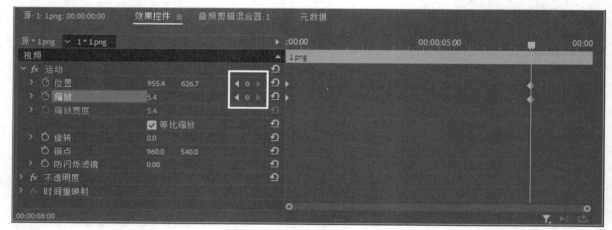

图3-54

04 下面调整"位置"和"缩放"属性。在"节目"面板中将标题放大，如图3-55所示，将标题适当向下移动，让它沿着地面移动到前面，如图3-56所示，效果如图3-57～图3-59所示。

图3-55

图3-56

图3-57

图3-58

图3-59

05 第8~10秒标题要归位到画面中间，同时要顺时针旋转一周。现在"旋转"属性中是没有关键帧的，所以在第8秒处单击"旋转"前面的"切换动画"按钮 ⓞ，如图3-60所示，为第8秒处的"旋转"属性打上一个关键帧。

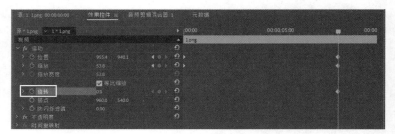

图3-60

06 将时间滑块调到最后一帧，如图3-61所示。在"效果控件"面板的"位置"和"旋转"属性处添加关键帧，如图3-62所示。

图3-61

图3-62

07 在"节目"面板中将标题移动到画面中间，如图3-63所示。在"效果控件"面板中设置"旋转"值为360，如图3-64所示，效果如图3-65~图3-67所示。

图3-63

图3-64

图3-65

图3-66

图3-67

案例实训：制作马赛克追踪效果

工程文件	工程文件 > CH03 > 案例训练：制作马赛克追踪效果
视频文件	案例训练：制作马赛克追踪效果.mp4
技术掌握	掌握逐帧设置动画的操作方法

我们经常制作移动的马赛克效果，因为拍到了一些不能用的内容，所以需要添加马赛克效果。这里一段航拍视频中有一辆小车从画面的上方往下方行驶，需要对其添加马赛克，效果如图3-68所示。

1.整理素材

视频素材部分画面如图3-69~图3-71所示，主要处理对象为视频中的小车。

图3-68

图3-69

图3-70

图3-71

2.制作步骤

01 导入视频素材，将视频素材拖曳到"时间轴"面板中，如图3-72所示。要做马赛克效果，就需要用到"视频效果"，"视频效果"的内容将在下一章详细讲解。

02 在"效果"面板中找到"视频效果>风格化"中的"马赛克"，如图3-73所示。将它拖曳到视频轨道上，如图3-74所示。现在整个画面都有马赛克效果了，如图3-75所示。

图3-72

图3-73

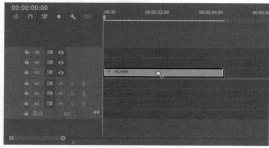

图3-74

图3-75

03 在"效果控件"面板中单击"马赛克"下的"创建椭圆蒙版"按钮，如图3-76所示。"节目"面板如图3-77所示。

图3-76

图3-77

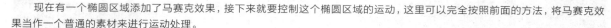

☑ 提示

现在有一个椭圆区域添加了马赛克效果，接下来就要控制这个椭圆区域的运动，这里可以完全按照前面的方法，将马赛克效果当作一个普通的素材来进行运动处理。

第3章 关键帧

04 调整时间滑块到初始帧处，单击"蒙版路径"前的"切换动画"按钮▣，如图3-78所示。在"节目"面板中将椭圆区域调整至图3-79所示的位置和大小，即刚好将车子挡住。

图3-78   图3-79

05 下面一点一点地调整细节，即一边播放，一边调整椭圆马赛克的位置和大小（跟随车子位置和大小的变化而变化）。第1秒处调整为图3-80所示的效果，第2秒处调整为图3-81所示的效果，第3秒处调整为图3-82所示的效果，第4秒处调整为图3-83所示的效果，第4秒15帧处调整为图3-84所示的效果。

图3-80

图3-81

图3-82

图3-83

图3-84

3.4 总结与训练

关键帧的学习要点就是必须理解其含义——关键帧的位置为运动发生变化的时间点。一切的运动都是在"位移""缩放""旋转"的基础上进行的。确定关键帧，再确定运动属性的变化，即两关键帧之间属性变化带来的运动效果。请读者完成以下两个训练。

训练1：打开相关的素材，自行找素材也可以，进行关键帧操作，将所有的运动属性都调一下，测试效果。

训练2：利用相关素材制作一个动态片头。不用本书提供的素材，自行寻找素材更好。

第4章

画面效果

为了方便读者学习，本章将视频效果、视频调色、视频抠像、嵌套功能归纳在一起讲解，因为这些内容都涉及调整画面效果，放在一起学习更加容易理解。

本章学习要点

▶ 掌握视频效果的运用方法

▶ 掌握视频调色操作

▶ 掌握视频抠像技术

▶ 掌握嵌套功能

4.1 视频效果

　　Premiere特效就是Premiere"效果"中的"视频效果"，它与转场一样，有非常多的类型。很多读者可能认为特效就应该在After Effects中制作，但是Premiere和After Effects是有关联的，只要版本相同，那么文档可以在它们之间共享。的确，要制作大片，一般都是用After Effects，但对于一些普通的工作应用，Premiere完全可以满足。

4.1.1 视频效果的基本应用

　　在"效果"面板中找到"视频效果"，如图4-1所示。展开后的内容如图4-2所示，一共包含18个默认的效果大类。每个大类又包含很多具体效果，例如"变换"类如图4-3所示。

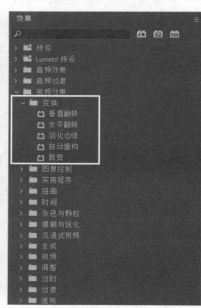

图4-1　　　　　　　　　　　　　图4-2　　　　　　　　　　　　　图4-3

　　"效果"的用法与转场是完全一样的，也就是选中想要的效果，把其拖曳到视频轨道上即可。下面介绍具体操作步骤。

图4-4

01 将"视频效果>变换"中的"垂直翻转"效果拖曳到视频轨道上，如图4-4所示，效果如图4-5所示。

图4-5

02 打开"效果控件"面板,如图4-6所示,在"垂直翻转"下有3个工具,如图4-7所示。

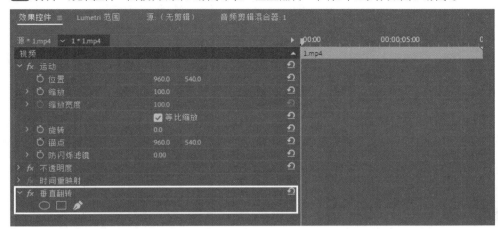

图4-6

提示

这3个工具用于绘制蒙版,大部分的视频效果都会有蒙版,这是什么意思呢?现在是整个场景的翻转效果,如果只想要某一部分实现这个视频效果,则可以利用蒙版。

图4-7

03 单击"椭圆蒙版" ,会出现相关的参数,如图4-8所示。这时蒙版的参数是默认的,"节目"面板中的效果如图4-9所示,只有椭圆区域内的内容翻转了,其他部分没有翻转。这就是蒙版的作用,即对特定部分实现视频效果。

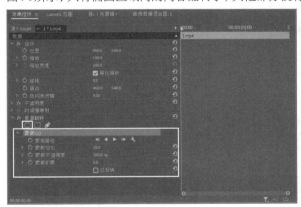

图4-8

图4-9

04 可以任意调整椭圆区域的大小和位置,即选择控制点后拖曳,例如调整到图4-10所示的效果。

05 蒙版的参数如图4-11所示。"蒙版羽化""蒙版不透明度""蒙版扩展"的调整并没有太多的技巧。这里主要说明"蒙版路径",在上一章的马赛克实训中,其实就可以使用"蒙版路径"来跟踪小车,原理就是把蒙版的区域(椭圆)当作一张图片,对其应用关键帧,从而控制其运动。

图4-10

提示

其他两个绘制蒙版的工具在用法上是一样的,区别就是形状,一个是矩形,一个是自由绘制的形状。

图4-11

4.1.2 Premiere自带的各种视频效果

Premiere自带了18个大类的视频效果，每个大类中有多个效果，因为Premiere自带的视频效果太多，受限于篇幅，这里就不一一展示了，读者可以对每一个效果进行尝试。Premiere自带的所有视频效果如图4-12～图4-24所示。

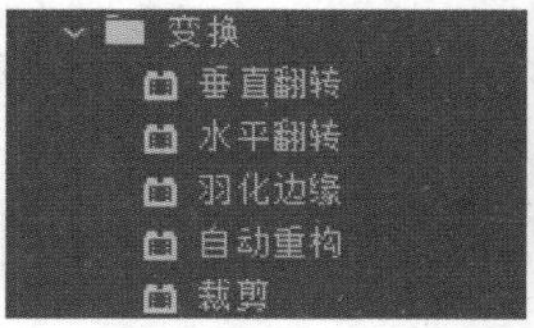

图4-12

图4-13

图4-14

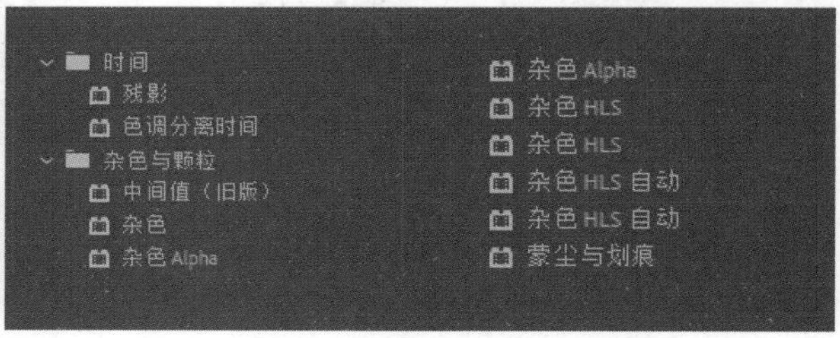

图4-15

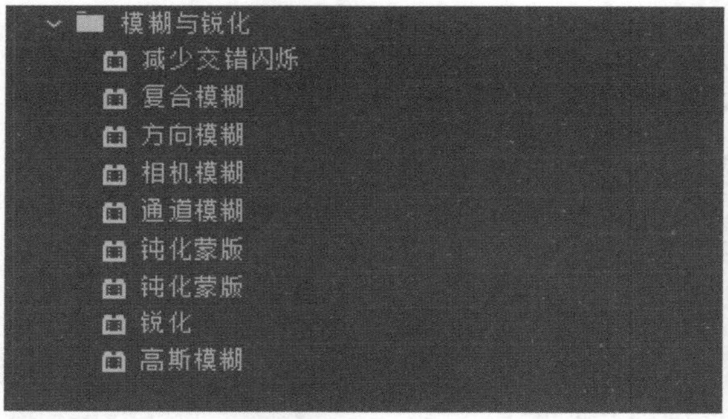

图4-16

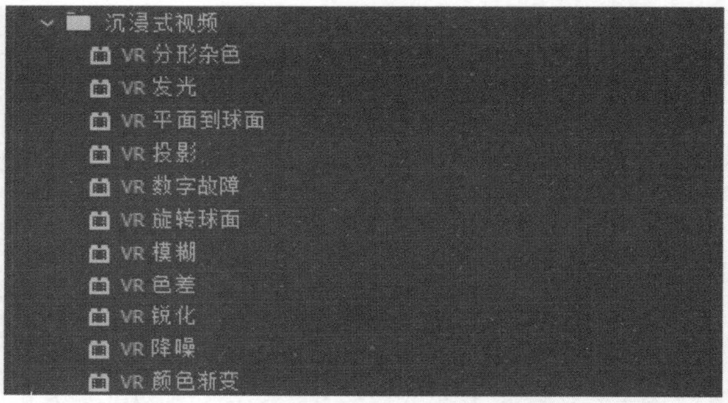

图4-17

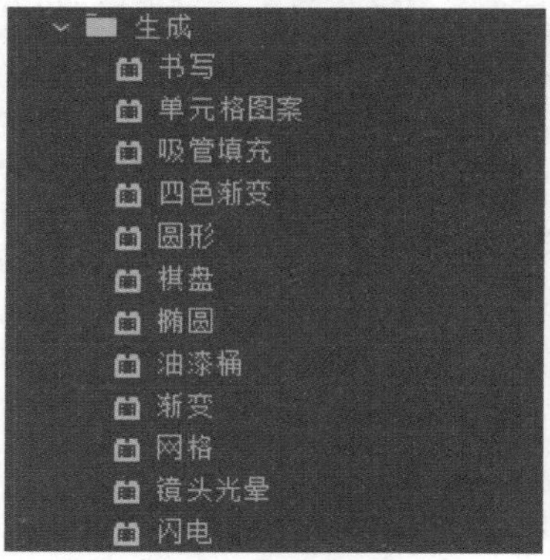

图4-18

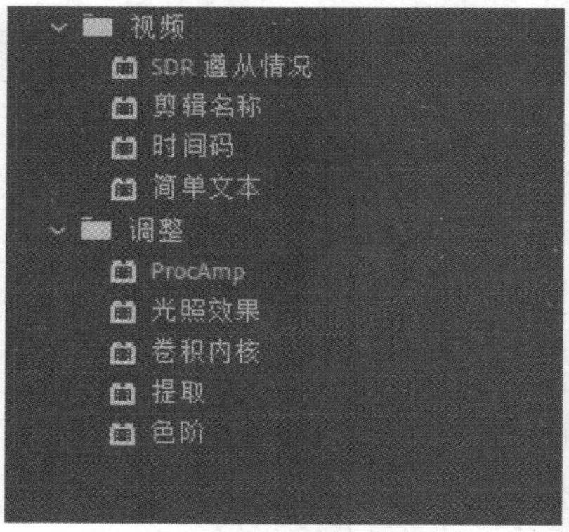

图4-19

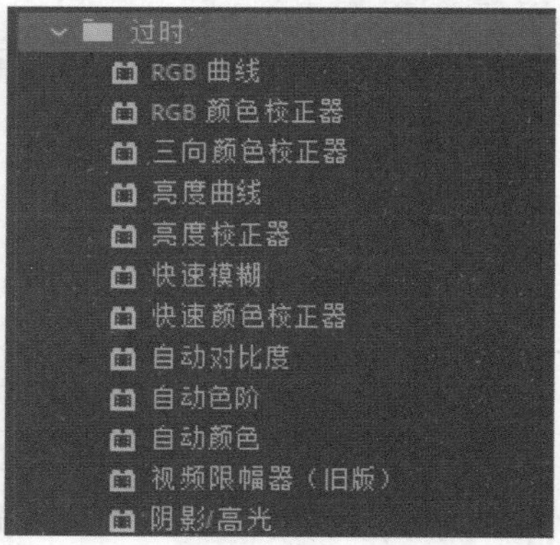

图4-20

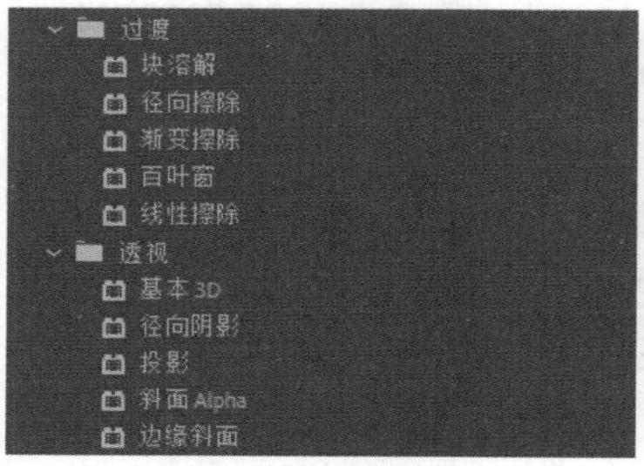

图4-21

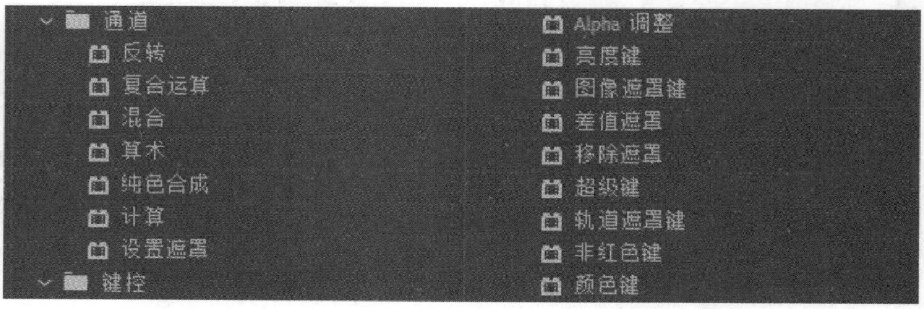

图4-22

图4-23 图4-24

提示 -- ⟩

与转场一样，每一种视频效果都可以在"效果控件"面板中调整其参数，转场应用在视频之间，效果应用在整段视频里。为了方便读者学习，随书附赠了这些效果的应用演示视频。

案例实训：制作回忆感画面效果

工程文件	工程文件 > CH04 > 案例实训：制作回忆感画面效果
视频文件	案例实训：制作回忆感画面效果.mp4
技术掌握	掌握效果的应用方法

应用视频效果和应用转场一样，要根据当前片子的各种属性进行匹配。如果需要丰富画面可以用"变换""扭曲"等；如果要加强视频的情感效果，那么可以用"沉浸式视频"等；如果需要添加外部元素，可以用"生成"等。本实训的效果如图4-25所示。

图4-25

1.整理素材

客户拍了一段教室环境的小视频。从教室一角开始拍，拍完几秒的教室镜头后，转到教室外面，有一种在教室外偷看的感觉，如图4-26～图4-29所示。

图4-26 图4-27

图4-28

图4-29

2.需求分析

现在要求将视频调成带有回忆感的效果，且具有梦幻感，用于放在校园博客上，让老同学看了能回想起以前丰富多彩的校园生活。

现在的要点就是梦幻效果，那么做的视频效果就必须有梦幻的感觉，在视频效果中找到合适的效果，然后设置相关参数。这里找到的视频效果为"沉浸式视频"中的"VR颜色渐变"，如图4-30所示。

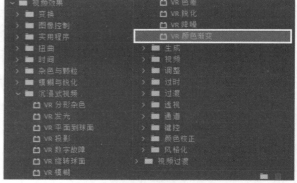

图4-30

3.制作步骤

01 直接将"VR颜色渐变"拖曳到视频轨道上，画面效果如图4-31所示。

02 在"效果控件"面板中设置"混合模式"为"柔光"，如图4-32所示，效果如图4-33所示。现在就有了一种梦幻的感觉，但是这种感觉从视频的开始到结束都是一样的，也就是说画面效果一直"很平"，接下来需要让效果更加自然。

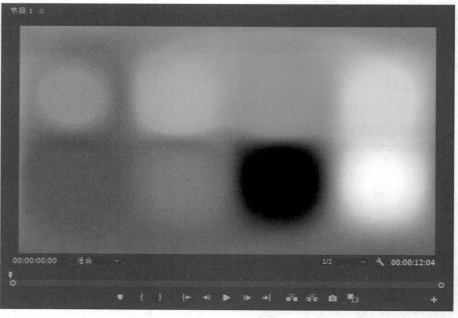

图4-31

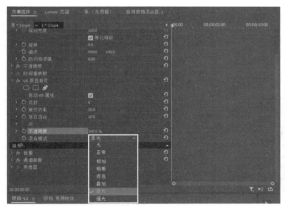

图4-32

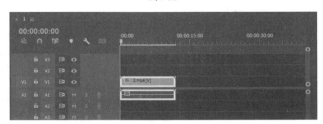

图4-33

03 调整时间滑块到第0帧，如图4-34所示，在"效果控件"面板中激活"不透明度"的"切换动画"按钮，如图4-35所示。这样第0帧就自动打上了关键帧，设置"不透明度"值为0%，如图4-36所示。

图4-34

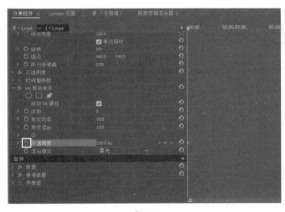

图4-35

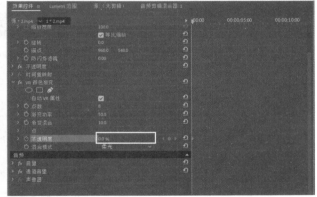

图4-36

04 调整时间滑块到最后一帧，如图4-37所示，在"效果控件"面板中为"不透明度"打上关键帧，设置"不透明度"值为100%，如图4-38所示。现在效果就制作好了，开始的时候是普通的教室画面，随着时间推移，梦幻效果越来越浓厚，呈现出一个沉浸式的画面，从而将老同学引入回想之中，如图4-39～图4-42所示。

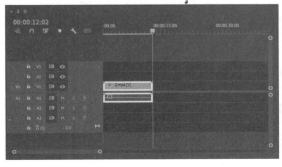

图4-37

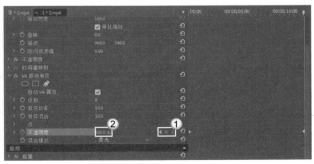

图4-38

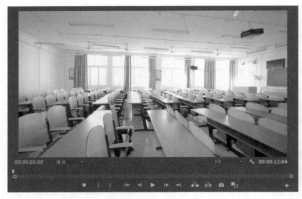

图4-39　　　　　　　　　　　　　　　　　　图4-40

图4-41　　　　　　　　　　　　　　　　　　图4-42

4.2　视频调色

　　提到调色，读者可能会想到Photoshop，即调整图像的亮度、色相和饱和度等。这些操作在Premiere中也可以进行，其原理与Photoshop差不多。

4.2.1　调色的基本操作

　　这里使用前面实训中的素材讲解调色的操作。注意，与其说调色是技术，不如说调色是经验，对于某一种色调的调整，没有绝对的方法，读者要多积累经验。

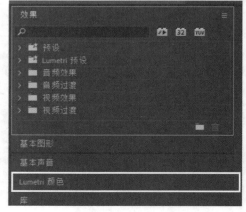

01 在"效果"面板的下方有一个"Lumetri颜色"，如图4-43所示，将其展开就是调色面板，如图4-44所示。

02 调色的方法非常简单，也很直观，都是一些量化的可调参数，手动调整数值，对比图像效果即可。单击"创意"，将其折叠起来，如图4-45所示，系统一共提供了6个调色模块。

图4-43

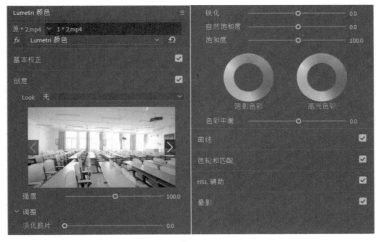

图4-44   图4-45

03 现在打开"基本校正"，如图4-46所示。将"色温"滑块移动到最右侧，如图4-47所示，可以看到效果的变化。

图4-46

图4-47

04 打开"效果控件"面板，如图4-48所示，这里多了一个"Lumetri颜色"属性，其中的模块与图4-45所示的一模一样。打开"基本校正"下的"色温"，如图4-49所示，这里的"色温"显示为100，也就是前面将滑块调到最右侧的结果。

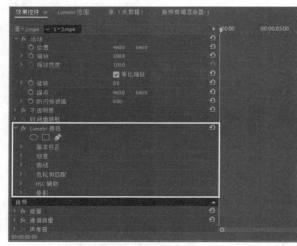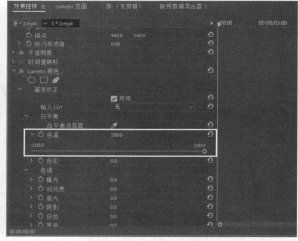

图4-48　　　　　　　　　　　　　　　　　　　　图4-49

05 现在来看看"Lumetri颜色"中其他的调整模块，"创意"如图4-50所示，"曲线"如图4-51所示，"色轮和匹配"如图4-52所示，"HSL辅助"如图4-53所示，"晕影"如图4-54所示。

图4-50

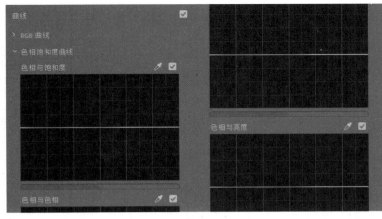

图4-51

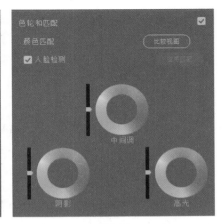

图4-52

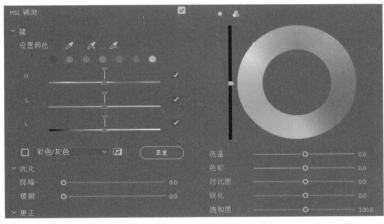

图4-53

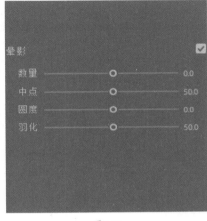

图4-54

☑ 提示 --

　　这些调整模块的用法都一样，即边调整边对比效果。建议每个参数都去试一下，对比一下画面效果的变化，知道哪些参数可以带来什么变化，然后思考当前片子的画面需要如何处理。

　　在真正的工作中一般不会用到那么多的参数，每个人都有自己习惯的调色参数或命令，也有自己喜欢的色彩风格。

4.2.2 Premiere自带的调色效果

　　Premiere自带的调色效果其实就是预置效果，即系统提供的调配好色彩效果的模板。这些自带的效果在"基本校正"和"创意"模块中。

1.基本校正

　　打开"基本校正"，在"输入LUT"中有很多预置效果，如图4-55所示。默认情况下为"无"，即没有预置效果，如图4-56所示。这里选择第1个ALEXA，效果如图4-57所示。

图4-55

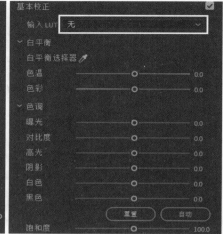

图4-56

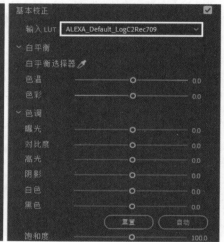

图4-57

　　加了预置效果之后，还可以继续进行校正，例如设置"色温"为100，如图4-58所示。另外，除了系统提供的预置效果，还可以在网络上下载一些预置文件导入使用。

图4-58

2.创意

"创意"面板中的Look中也有大量的预置效果,如图4-59所示。默认情况下,Look为"无",即不使用任何预置效果,如图4-60所示。这里选择CineSpace,如图4-61所示。

图4-59

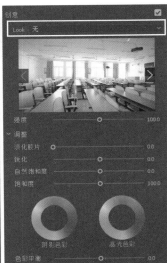

图4-60

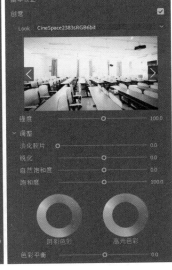

图4-61

同样，在选择了预置效果后，还是可以继续调整参数，例如设置"淡化胶片"为100，如图4-62所示。

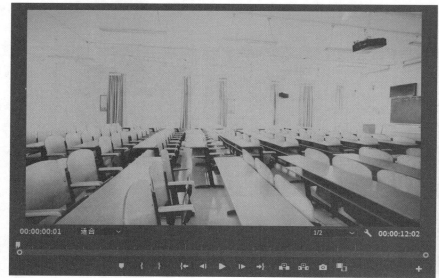

图4-62

📝 提示 --- 〉

对"创意"来说，也可以从网络上下载一些预置文件导入并使用。

3.Lumetri预设

"Lumetri预设"被称为"大预置"，为什么呢？因为它位于"效果"面板中，如图4-63所示，内容如图4-64所示。一般来说，工作的时候应该配备一些常用的预置效果，例如制作开心氛围时用哪些预置效果好，制作悲伤氛围时用哪些预置效果好。在预置效果的基础上进行微调，可以提高工作效率，如果所有的片子每次都要一点一点地调，效率很难满足工作需求。

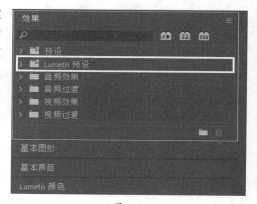

图4-63

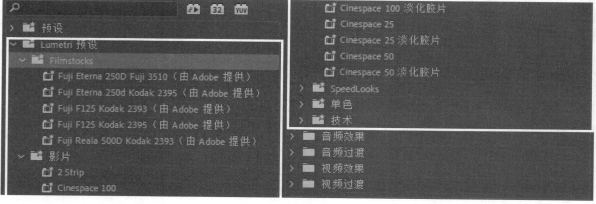

图4-64

案例实训： 调整出回忆感和年代感色调

工程文件	工程文件 > CH04 > 案例实训：调整出回忆感和年代感色调
视频文件	案例实训：调整出回忆感和年代感色调.mp4
技术掌握	掌握调色思路和技法

　　调色其实与应用转场、视频效果的核心原理相似，即根据片子的各种属性来选择合适的颜色。因为色调对画面想要表达的情感非常重要，所以如果想将观众带入视频想要表达的情感中，画面的色调就必须把握好。本实训还是使用上一个实训的素材，调色效果如图4-65所示。

图4-65

1.需求分析

　　不需要前面那种梦幻感的回忆效果，而需要怀念和不舍的感觉，且富有年代感。

2.制作步骤

01 原片效果如图4-66所示。选中片子，在"Lumetri颜色"的"创意"中选择SL GOLD WESTERN预置效果，如图4-67所示。

图4-66

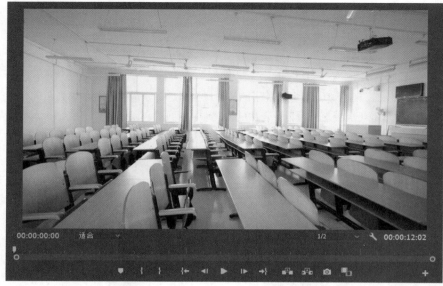

图4-67

📋 **提示** --

现在的色调给人一种"老旧"的感觉，接下来需要利用"淡化胶片"来营造怀念的氛围，让画面富有年代感。注意，不是整个视频都使用相同强度的"胶片段化"，而是采用渐变的方式，即从片子开头没有"淡化胶片"效果，中间慢慢加深，到最后"淡化胶片"效果最强。

02 调整时间滑块到第0帧处，如图4-68所示，在"效果控件"面板中找到"Lumetri颜色>创意>调整"中的"淡化胶片"，如图4-69所示。

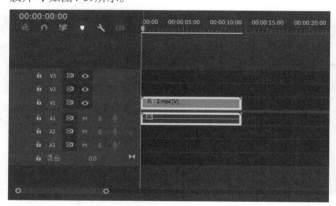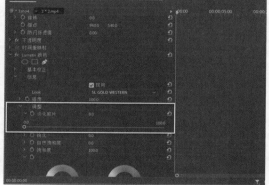

图4-68　　　　　　　　　　　　　　　　　　　图4-69

03 单击"淡化胶片"前面的"切换动画"按钮🔘，为第0帧添加一个关键帧，这时"淡化胶片"的参数为0（默认为0），如图4-70所示。

04 将时间滑块调整到最后一帧处，如图4-71所示。在"效果控件面板中单击"添加关键帧"按钮🔘，设置"淡化胶片"值为100，如图4-72所示。现在就制作出了有怀念、不舍和年代感的色调，如图4-73～图4-76所示。

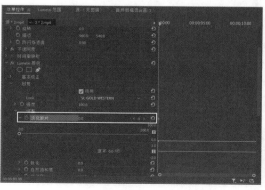

图4-70

图4-71

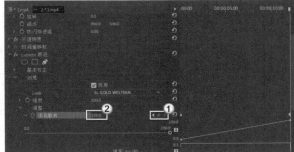

图4-72

图4-73

图4-74

图4-75

图4-76

4.3 视频抠像

抠像类似Photoshop中的抠图，当需要视频素材中的某些对象时，就可以使用抠像技术将其抠取出来，然后应用到其他片子中。

4.3.1 抠像的基本操作

抠像工具位于"视频效果"中的"键控"内，如图4-77所示。也就是说，抠像属于"视频效果"中的一个门类。因为它的特殊性，所以并没有把抠像放到"视频效果"中介绍。Premiere中的抠像工具主要就是这里的9种，本书仅介绍几种常用的。

现在有两个素材，素材1如图4-78所示，为一个视频背景；素材2如图4-79所示，为一个人物视频。现在要做的就是把人物抠出来放到素材1中。

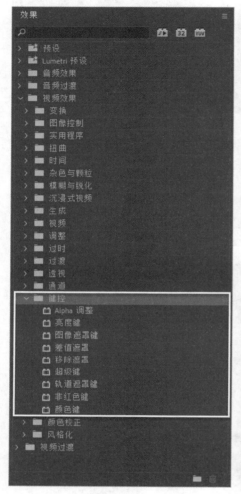

图4-77

图4-78

图4-79

01 将两个素材拖曳到视频轨道中。注意，要将人物素材放在背景素材的轨道上，如图4-80所示。"节目"面板中的效果如图4-81所示，只能看到人物素材，看不到背景。

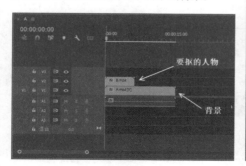

图4-80

图4-81

02 在"视频效果"中找到"键控"，这里用"超级键"来讲解（"超级键"在抠像中十分常用）。将"超级键"拖曳到人物素材上，如图4-82所示。现在在"效果控件"面板中能看到"超级键"的参数，如图4-83所示。

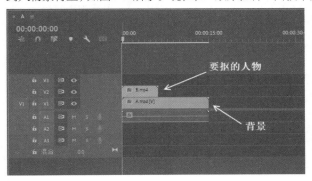 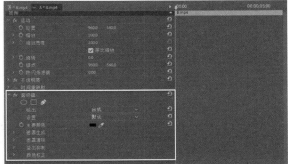

图4-82 图4-83

📝 提示

这里通过调整"超级键"的参数移除人物背景，将人物显示到背景素材中。每一个抠像的键控都是一样的，只是具体的参数有所不同。

03 单击"主要颜色"右边的"吸管工具" 🖊️，如图4-84所示，然后在"节目"面板中吸取背景的绿色，如图4-85所示。

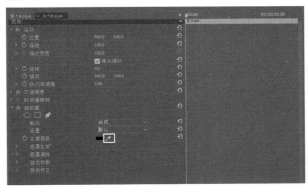 

图4-84 图4-85

📝 提示

吸取完之后，在"效果控件"面板的"主要颜色"中可以看到背景的绿色，如图4-86所示，人物素材的绿色背景就会被移除，"节目"面板中的效果如图4-87所示。现在目的就达到了，人物融入了背景素材当中。这里说明一下，在网络上看到某些电影的拍摄花絮中有一个大型的绿幕，就是为了方便电影后期抠像。

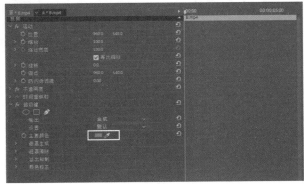 

图4-86 图4-87

04 现在来看看"超级键"的参数,"遮罩生成""遮罩清除""溢出抑制"都用于调整抠像的遮罩效果,如图4-88所示。简单来说,如果抠像不干净,没有达到想要的效果,都可以在这里进行微调。打开"遮罩生成",默认的"透明度"为45,如图4-89所示,抠像效果如图4-90所示。

图4-88

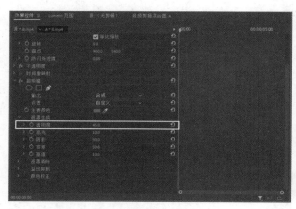

图4-89

图4-90

05 设置"透明度"为0,如图4-91所示,抠像效果如图4-92所示。绿色背景确实没了,但是"透明度"为0,人物素材的背景色会挡住下面视频轨道的图像,即看不到背景素材。

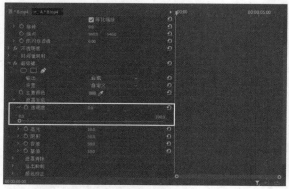

图4-91

图4-92

☑ **提示** --

影响抠像效果的参数有很多,建议每个都尝试一下,看看不同的参数对抠像效果都有哪些影响。这里就不一一展示了。

06 "超级键"中也有"颜色校正",如图4-93所示,抠像完成后如果影响了主体的颜色,就可以用这里的"颜色校正"进行调整。

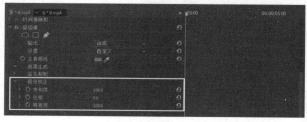

图4-93

4.3.2 Premiere自带的抠像工具

Premiere自带的抠像工具如图4-94所示，比较常用的有"超级键""非红色键""颜色键"，这3个都是将颜色作为抠像依据的。"亮度键"则以画面的明暗对比关系来抠像，跟前3个常用的工具在原理上不一样，但用法还是一样的，很简单。

图4-94

在工作中，一些专业的大型影视制作公司会用第三方专业抠像软件，基本不会用Premiere，但是对初学者来说，Premiere自带的抠像功能是必须掌握的。

案例实训：绿幕人物抠像

工程文件	工程文件 > CH04 > 案例实训：绿幕人物抠像
视频文件	案例实训：绿幕人物抠像.mp4
技术掌握	掌握绿幕抠像的方法和技巧

本实训抠像后的合成效果如图4-95所示。

图4-95

1.整理素材

素材1是女子的跑步视频，如图4-96所示，素材2是背景图片，如图4-97所示。

图4-96

图4-97

2.制作步骤

01 将两个素材都拖曳到视频轨道上，让人物素材在上，背景素材在下，如图4-98所示。因为人物素材的时长比背景素材长，所以将图片的时长调整至与人物素材相等，如图4-99所示。

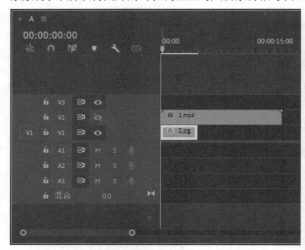

图4-98

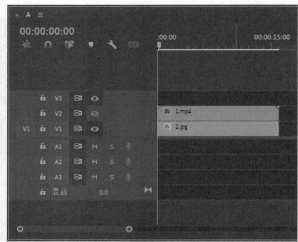

图4-99

02 "节目"面板中只显示了人物视频，如图4-100所示。在"效果"面板中找到"视频效果>键控"中的"超级键"，将"超级键"拖曳到人物视频素材上，如图4-101所示。

图4-100

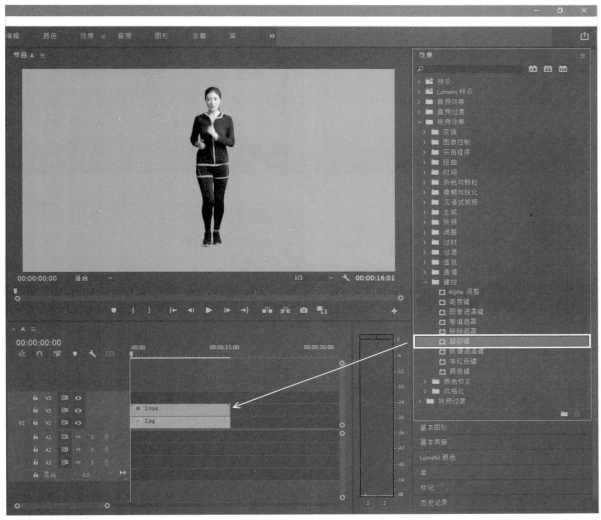

图4-101

03 在"效果控件"面板中找到"超级键",单击"主要颜色"的"吸管工具" ⛤,如图4-102所示,吸取人物视频的绿色背景,如图4-103所示。吸取后的效果如图4-104所示。

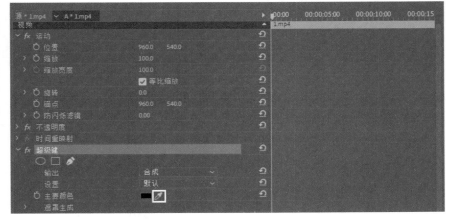

图4-102

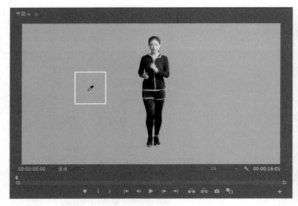

图4-103

图4-104

04 现在已经看到女子出现在背景素材中了，因为抠像效果比较好，所以不需要进行微调。下面制作运动效果，将女子缩小一点，放在远方的跑道上，如图4-105所示。

05 调整时间滑块到第0帧处，如图4-106所示，在"效果控件"面板中单击"运动"下"位置"前面的"切换动画"按钮，如图4-107所示，第0帧处就会自动打上一个关键帧。

图4-105

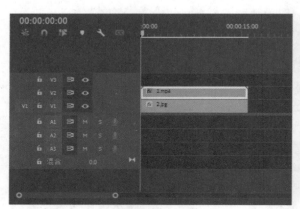

图4-106

图4-107

06 调整时间滑块到最后一帧处，如图4-108所示。在"运动"的"位置"后单击"添加关键点"按钮，如图4-109所示，然后将人物移动到靠近镜头处，如图4-110所示。目前，位置的变化就制作好了。

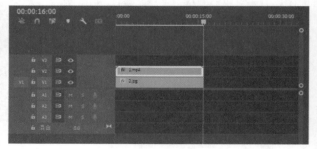

图4-108

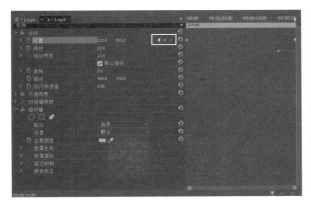

图4-109

图4-110

07 下面制作缩放动作，人越靠近镜头就越大。调整时间滑块到第0帧处，单击"运动"中"缩放"前的"切换动画"按钮，如图4-111所示。注意，第0帧时人物已经是缩到比较小的状态了，在路的远方。

08 调整时间滑块到最后一帧处，单击"添加关键帧"按钮，如图4-112所示，然后将人物放大，如图4-113所示。现在，合成效果就制作好了，如图4-114~图4-116所示。

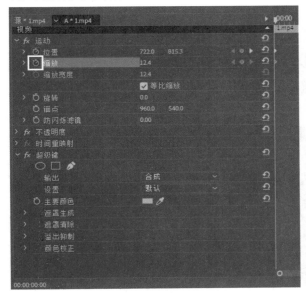

图4-111

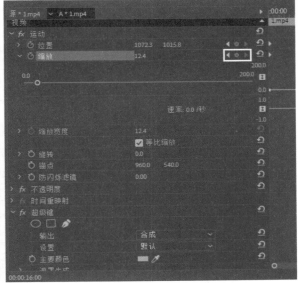

图4-112

图4-113

图4-114

图4-115

图4-116

4.4 嵌套功能

嵌套功能就是把多个素材嵌套在一起，让它们变成一个素材，从而对这个素材进行修改，达到对多个素材同时修改的效果。

4.4.1 嵌套功能的基本应用

现在有3个图片素材，将这3个图片素材都放到视频轨道上，如图4-117所示，这里应该将它们都缩小放到画面中并排成三角形，如图4-118所示。

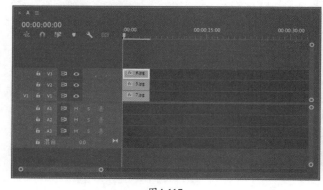
图4-117

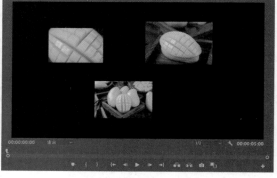
图4-118

现在要做一个动态效果：让这3张图片一起顺时针旋转，即像一个风车一样转。如果不使用嵌套功能，就得一张一张地进行设置，非常麻烦。下面讲解如何使用嵌套功能来快速实现。

01 全选3个视频轨道，单击鼠标右键，在弹出的菜单中选择"嵌套"命令，如图4-119所示。这时会打开"嵌套序列名称"对话框，如图4-120所示。在这里对嵌套序列重命名后，3个视频轨道就变成了一个嵌套轨道，如图4-121所示。

图4-119   图4-120   图4-121

02 双击嵌套轨道，可以进入嵌套序列中，能看到原来的3个素材轨道，可以分别对它们进行修改，如图4-122所示。既然可以进入，当然也可以返回嵌套轨道。单击嵌套序列旁边的A字样，即可返回嵌套轨道，如图4-123所示。

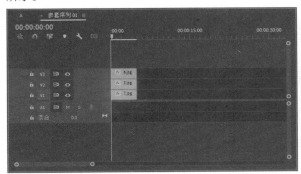

图4-122　　　　　　　　　　　　　　　图4-123

✓ 提示 -- ⟩

在嵌套轨道处进行修改，即可同时对3个图片素材进行修改。

案例实训：制作画中画效果

工程文件	工程文件 > CH04 > 案例实训：制作画中画效果
视频文件	案例实训：制作画中画效果.mp4
技术掌握	掌握嵌套序列的应用技巧

画中画的意思就是在屏幕中还有屏幕，例如视频中有个电视机，电视机中播放着其他影片，这是典型的画中画效果。要制作类似这种效果的视频，就必须用到嵌套功能。本实训的效果如图4-124所示。

图4-124

1.整理素材

现在有3个视频素材，第1个是农民丰收后面露喜色的视频。第2个是计算机显示器的视频，第3个是演播厅的视频。我们要做的就是让演播厅中的显示器中显示计算机显示器，让计算机显示器中显示农民的视频。

01 将这3个视频素材都拖曳到视频轨道上，农民视频在顶部，计算机视频在中间，演播厅视频在底部，如图4-125所示。

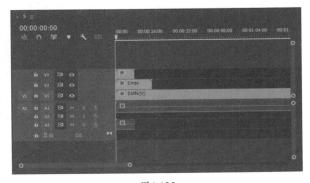

图4-125

02 因为每个视频的时长都不一样，这里使用"剃刀工具" ◆ 切割一下，把所有视频都切割到与农民视频长度一样，将多余部分删除，如图4-126所示。

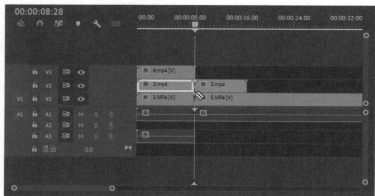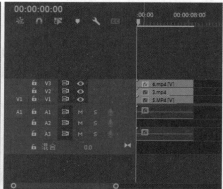

图4-126

2.制作显示器视频

01 选中农民视频，在"节目"面板中双击它，使用边缘控制点将其先缩小到与计算机显示器差不多大，如图4-127所示。

02 这里需要使用"视频效果"的"扭曲"中的"边角定位"效果，让素材按照边角的点去定位，精准地拼合到显示器中，如图4-128所示。将"边角定位"拖曳到农民视频所在的轨道中，然后在"效果控件"面板中单击"边角定位"，如图4-129所示。

图4-127

图4-128

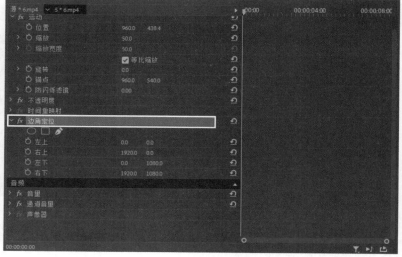

图4-129

03 在"节目"面板中可以看到农民视频的4个边角各有一个定位点，如图4-130所示，然后拖曳这些定位点，将农民素材精准地定位在计算机显示器上，如图4-131所示。

图4-130

图4-131

3.制作演播厅视频

同理，下面将计算机显示器的全部画面移动到演播厅视频中。因为农民视频和计算机显示器视频都是独立素材，如果不嵌套起来，就需要一个一个地调整，操作起来是比较麻烦的。

01 选中农民视频和计算机显示器视频，单击鼠标右键，在弹出的菜单中选择"嵌套"命令，这样，农民视频和计算机显示器视频就成为一个素材了，如图4-132所示。

02 继续用前面的方法将嵌套素材定位到演播厅的屏幕上。缩放嵌套序列，如图4-133所示，然后使用"边角定位"进行调整，如图4-134所示。

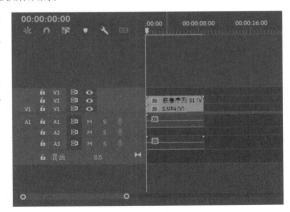

图4-132

图4-133

图4-134

☑ 提示

总之，嵌套功能就是用于同时对多个素材进行修改。

4.4.2 多机位操作

多机位操作指对同一个场景使用多台摄像机同时拍摄,以捕捉不同角度的画面。当导入多机位的视频后,应该如何调整呢?这也是需要配合嵌套功能来进行的。

现在有3个视频素材,是同一场景的3个不同角度,角度1如图4-135所示,角度2如图4-136所示,角度3如图4-137所示。

当进行多机位操作时,若拍摄有误差,导致时间对不准,声音画面也会出现一些不同步的情况,这个时候就可以使用同步功能。

图4-135

图4-136

图4-137

01 将3个视频素材拖曳到视频轨道上,如图4-138所示。注意,这里将素材1~素材3由下至上排列,同时为了方便演示同步功能,刻意地没有将素材对齐。

02 全选这3个视频素材,单击鼠标右键,在弹出的菜单中选择"同步"命令,打开"同步剪辑"对话框,如图4-139所示。

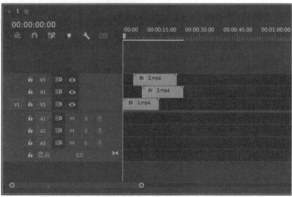

图4-138

图4-139

03 这里有5个选项,可以根据实际情况来同步素材,因为3个视频素材剪辑开始都是时间匹配的,所以选择"剪辑开始",效果如图4-140所示,3个视频素材就以剪辑开始的时候被同步了。

04 现在3个视频素材长短不一，可以以最短的视频素材为基准，把另外两个视频素材缩短一些，如图4-141所示。调整后如图4-142所示。

📝 提示 ·····························➤

　　如果素材是录制的一些访谈内容，那么一般会将"音频"作为同步的依据，因为若音频不同步，成片就不能要了。如果音频是后期添加的，就需要耐心地检查每个素材到底从哪里开始同步。如果拍摄的时候是精准的，就不需要手动同步了。

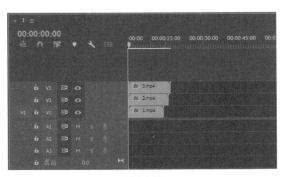

图4-140

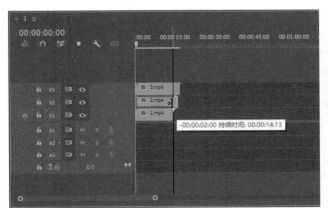

图4-141

图4-142

05 到了这一步就可以使用嵌套功能了，全选3个视频素材，单击鼠标右键，在弹出的菜单中选择"嵌套"命令，结果如图4-143所示。

06 单击"节目"面板右下角的"按钮编辑器"按钮➕，如图4-144所示。打开"按钮编辑器"对话框，将"切换多机位视图"按钮拖曳到"节目"面板下方，如图4-145所示。

图4-143

图4-144

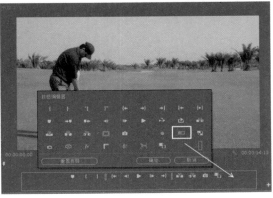

图4-145

现在"节目"面板下方的常规工具就有"切换多机位视图"按钮 了，如图4-146所示。

图4-146

07 单击"切换多机位视图"按钮 ，效果如图4-147所示，现在还没有多机位的视图。将鼠标指针移动到嵌套序列上，单击鼠标右键，在弹出的菜单中选择"多机位>启用"命令，如图4-148所示。

图4-147

图4-148

08 现在就可以看到3个视频同时播放的效果了，这样就实现了多机位操作，左边为多机位视图，右边为最终节目效果，如图4-149所示。

09 现在希望前5秒播放素材1，第5~10秒切换到素材2，剩下的时间播放素材3。播放完整视频，播放到第5秒的时候单击多机位视图中的素材2，如图4-150所示，播放到第10秒时单击多机位视图中的素材3，如图4-151所示。

图4-149

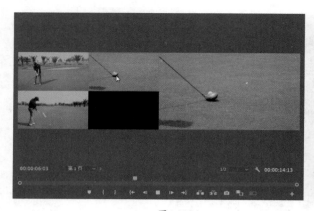
图4-150

图4-151

📋 提示 --

　　在播放过程中单击多机位视图中的素材，其边框会变成
红色，这时视频轨道如图4-152所示，系统会自动帮我们剪
开。注意，无论是普通剪辑还是多机位剪辑，剪辑工具的用法
和原理都是一样的，只是多机位剪辑多了几个机位给我们查
看。学习了多机位的基本操作后，可以结合学过的知识进行
剪辑。

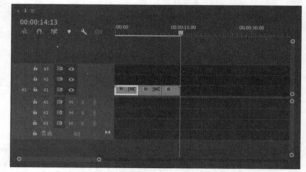
图4-152

4.5　总结与训练

　　本章主要介绍了Premiere中控制画面的各种方法，可以说是Premiere的核心内容。视频效果和调色效果主要
用于表达画面情绪，这不只是软件层面的东西；抠像和多机位操作则属于软件范畴，需要把握好软件基础。对于
视频画面的控制，要先熟练运用软件，然后思考影片在画面和情感上如何基于客户要求去实现。请完成以下训练
内容。

　　训练1：自行将视频效果、调色效果和抠像工具都尝试一下，并练习嵌套功能。

　　训练2：找一些现有素材或者自行拍摄一些素材，尝试制作一些具有不同情绪的画面，例如开心的、上进的、惆
怅的和难过的等，用心体会如何控制画面。

第 **5** 章

音频与字幕

本章简单介绍视频剪辑中的音频和字幕。在前面提到，专业音频一般都会结合 Audition 来处理，当然 Premiere 自带的音频处理命令也能够满足日常需求。字幕几乎是每个视频都必须配备的，其制作方法非常简单。

本章学习要点

▶ 掌握音频的基础操作

▶ 了解音频的运动

▶ 掌握文本的相关操作

▶ 掌握"旧版标题"命令的用法

5.1 音频

本节将介绍音频的基础操作，主要涉及音频的过渡和效果，其应用原理与视频过渡和视频效果相似，但是操作要相对简单得多。

5.1.1 音频的基础操作

导入一个音频素材，如图5-1所示，将音频素材拖曳到音频轨道上，如图5-2所示。下面基于这个音频素材来讲解音频的具体操作方法和操作步骤。

图5-1

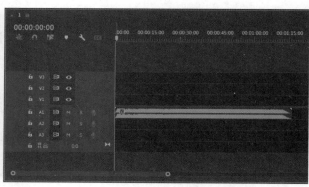

图5-2

01 现在音轨较窄，以至于编辑的时候看得不是很清楚，因此需要将音轨调宽一点。将鼠标指针移动到音轨1和音轨2之间，鼠标指针会发生变化，变成一个带上下箭头的图标，如图5-3所示。因为当前素材是在音轨1上，所以按住鼠标左键向下拖曳，将音轨1调宽，如图5-4所示。

图5-3

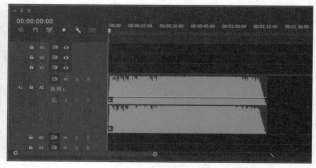

图5-4

02 现在音轨上的内容就清晰很多了。L代表左声道，R代表右声道，且中间有一条白线，如图5-5所示。这条白线表示当前音频的音量大小，播放音频，可以看到右侧的频谱，如图5-6所示。

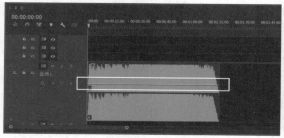

图5-5

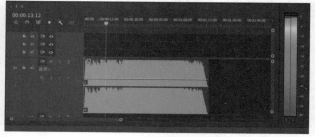

图5-6

03 可以上下调整这条白线来控制音量的大小。将鼠标指针移动到白线上，鼠标指针会发生变化，如图5-7所示。按住鼠标左键不放，上下拖曳，会显示音量的数值，如图5-8所示。注意，白线越靠上，音量越大；反之则音量越小。

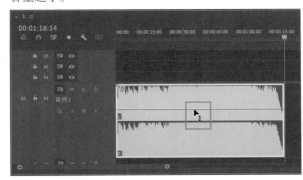
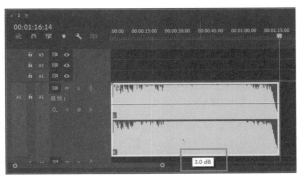

图5-7   图5-8

04 通常来说，建议在调音台调整音量。切换到"音频剪辑混合器"（调音台）面板，如图5-9所示。

05 在音轨1中有调整音量的滑块，直接拖曳这个滑块调整音量非常方便，如图5-10所示。其他音轨目前是灰色，这是因为这些音轨上没有素材，无法调整。

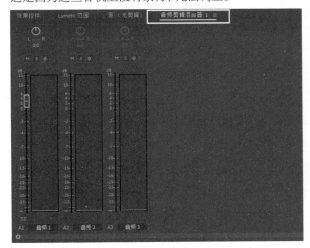
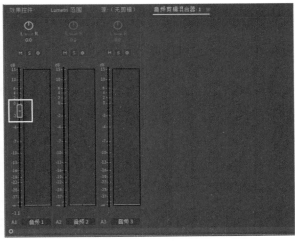

图5-9   图5-10

06 调音台顶部有个"时钟"图标，如图5-11所示。现在指针在中间，表示默认情况下左、右声道的声音一样大，处于均衡的状态。通过"时钟"图标可以将声音调整为偏向某个声道，如图5-12所示。当全部偏向右声道时，左声道就没有声音了。

图5-11   图5-12

5.1.2 音频的运动

调音比较简单，并没有什么特殊的技巧，除了音量的大小，通常还要实现音频的运动，例如一个视频中有背景音乐和人声解说，如果背景音乐的音量一直都比较大，那么人声解说的效果就可能不太理想。因此，在开始人声解说的时候，将背景音乐的音量调小，待人声解说结束后，再将背景音乐的音量调大。这就是音频的运动。通常会用到两种方法来实现这种效果，第1种是在音轨上直接添加关键帧，第2种是利用调音台中的关键帧来调整。

1.在音轨上调整

这里以图5-13所示的音轨素材为例进行讲解。

01 在左边找到"钢笔工具" ✐，如图5-14所示。在音量白线上添加点，这个点的位置就是需要调整音量的地方。在音频开始和结尾处都添加一个点，这就是开始和结尾的关键帧，然后在中间添加一个点，如图5-15所示。

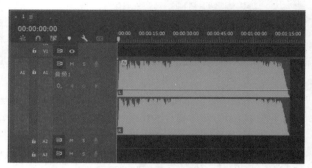

图5-13

图5-14

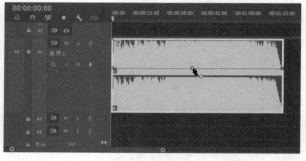

图5-15

02 将中间的关键帧往下拖，如图5-16所示，表示音量在开始的时候是正常的，然后慢慢降低，一直到中间后又开始慢慢提高，最后恢复正常。

03 现在的音量变化是线性的，图中显示为直线段。如果希望音量的变化柔和一些，可以将鼠标指针移动到关键帧上，单击鼠标右键，然后在弹出的菜单中选择可以改变关键帧属性的命令，让音量曲线变平滑，如图5-17所示。

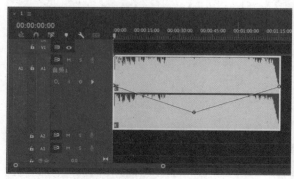

图5-16

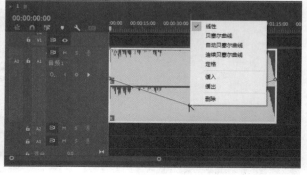

图5-17

2.在调音台中调整

01 在调音台中单击"关键帧"按钮 ◎，如图5-18所示，然后播放音频，如图5-19所示。

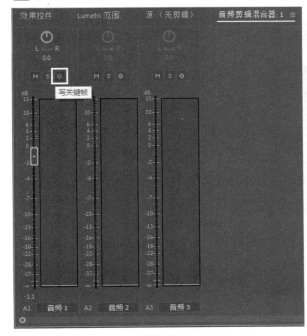

图5-18

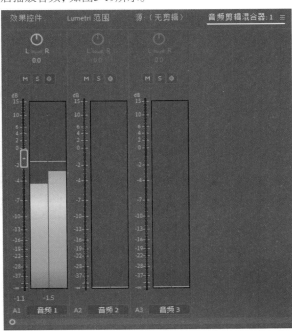

图5-19

02 在播放的过程中，可以根据需要调整音量滑块，即边播放边调整滑块，这样系统会自动记录音量大小的变化。例如在播放第1~5秒的内容时，将滑块慢慢地往下调，如图5-20所示，音轨上会自动生成音量曲线，如图5-21所示。

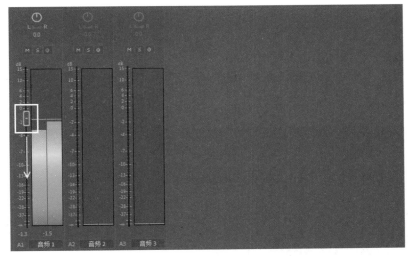

图5-20

📝 提示 --->

这与手动加点的原理是一样的，只是方法不一样。读者可以根据实际情况选择适合自己的方法。

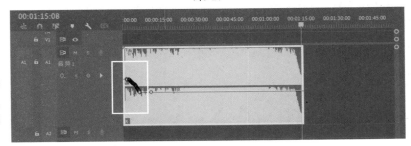

图5-21

5.1.3 音频过渡和效果

音频与视频一样，也有过渡和效果。"效果"面板中的"音频效果"如图5-22所示，"音频过渡"如图5-23所示。使用方法与"视频过渡""视频效果"一样，这里就不演示了。因为声音效果在书本上无法演示，请读者通过附赠视频学习本部分内容。

提示

音频一般都不会直接在Premiere中处理，所以对于Premiere，会一些基本的操作，即调音量大小和设置音量的运动效果就可以了。

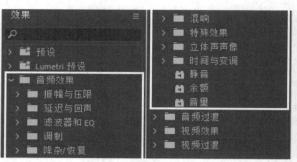

图5-22

图5-23

5.2 字幕

字幕的添加是比较简单的，Premiere的字幕制作也有多种方法，无论使用哪种，重要的是找到适合自己的。下面介绍常用的3种字幕添加方法。

5.2.1 文本

下面通过一个例子来说明使用"文字工具" T 添加字幕的方法。

01 在"时间轴"面板左边的工具栏中有一个"文字工具" T，如图5-24所示。单击"文字工具" T后，将鼠标指针移动到"节目"面板中，鼠标指针的形状会发生变化，如图5-25所示。单击画面，输入文字即可生成对应的文本，这里输入"丰收季节"，如图5-26所示。

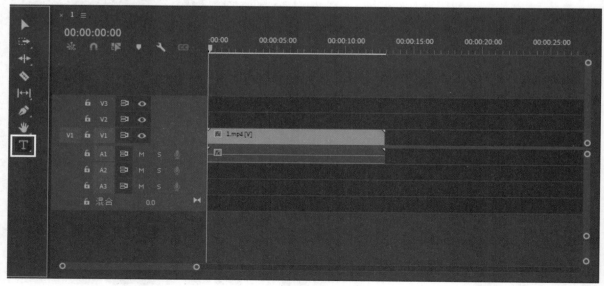

图5-24

图5-25　　　　　　　　　　　　　　　　图5-26

02 单击"选择工具" 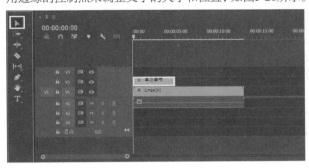，退出文字编辑模式，如图5-27所示。"节目"面板中的文字变为普通素材，现在可以使用边缘的控制点来调整文字的大小和位置，如图5-28所示。

图5-27　　　　　　　　　　　　　　　　图5-28

03 观察视频轨道，现在的文字就相当于透明素材，且位于背景视频上方的轨道，如图5-29所示。我们可以根据需要设置字幕显示的时长，即通过调整素材的长度来实现，例如想要这个字幕一直出现到视频结束，就可以将其长度调整为与视频一样长，如图5-30所示。

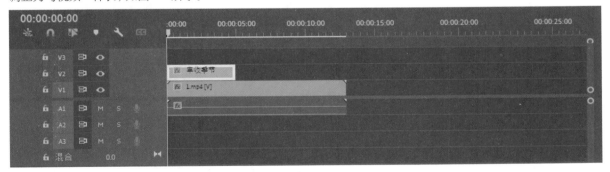

图5-29

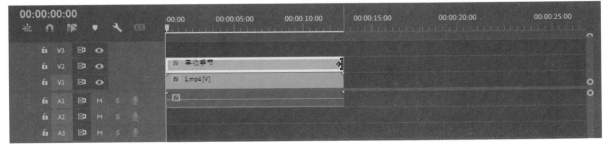

图5-30

04 现在调整字幕的属性。在"效果控件"面板中找到"文本"属性,如图5-31所示,具体参数如图5-32所示。

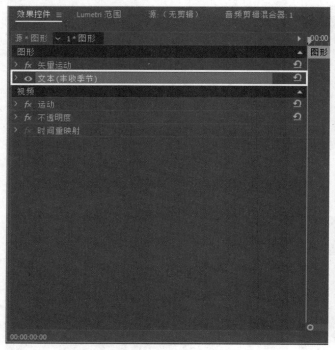

图5-31

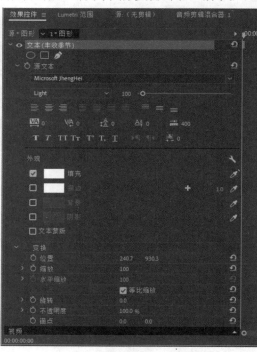

图5-32

📝 提示 --

可以调整字幕的相关属性,例如字体样式、颜色、位置、阴影等,这里就不一一演示了,大家自行尝试,也可以观看附赠的教学视频学习。

5.2.2 旧版标题

01 执行"文件>新建>旧版标题"命令,如图5-33所示,打开"新建字幕"对话框,如图5-34所示。

图5-33

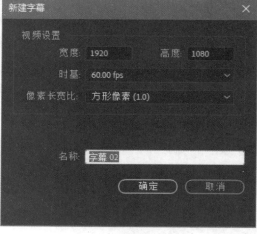

图5-34

02 确认后会打开一个独立的控制面板,如图5-35所示。"旧版标题"是老版本Premiere中制作字幕的一个独立板块,但在新版的Premiere中,字幕的制作融入了其他板块,变得简洁了许多。

图5-35

📋 提示 --

为什么还要介绍旧版标题呢？

因为在工作中还有很多人习惯用"旧版标题"，特别是习惯用老版本Premiere的人。相较于其他字幕制作方法，"旧版标题"看上去好像多了很多功能，但核心的内容是不变的，字体属性还是那些，只是"旧版标题"比其他字幕制作模块拥有更多的微调命令。

03 使用"旧版标题"制作字幕时，需要在这个独立的面板中输入文字，如图5-36所示。编辑好文字后将面板关闭，"项目"面板中就会出现对应的字幕素材，如图5-37所示。

图5-36

图5-37

04 这时需要手动将字幕素材拖曳到视频轨道上，如图5-38所示，"节目"面板中就会显示字幕，如图5-39所示。

图5-38

图5-39

📝 提示 --

　　如果需要修改该字幕，那么需要在"项目"面板中双击字幕素材，打开"旧版标题"面板进行修改。

5.2.3 开放式字幕

01 执行"窗口>文本"命令，如图5-40所示，打开"开放式字幕"面板，如图5-41所示。

图5-40

图5-41

02 单击"添加新字幕分段"按钮➕，如图5-42所示，这时会出现第1个字幕段落，输入"丰收季节"，如图5-43所示。默认情况下字幕在第0～3秒会在文本左边显示。

图5-42

图5-43

03 现在来看看视频轨道，出现了相应的字幕段落，如图5-44所示。通过改变视频轨道上字幕素材的长度可以改变其时长，例如将字幕素材设置得与视频素材一样长，如图5-45所示，在文本输入处也会更新显示的时长，如图5-46所示。

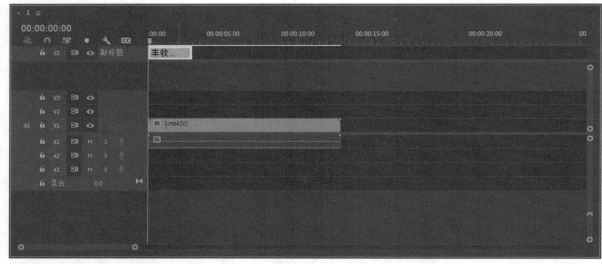

图5-44

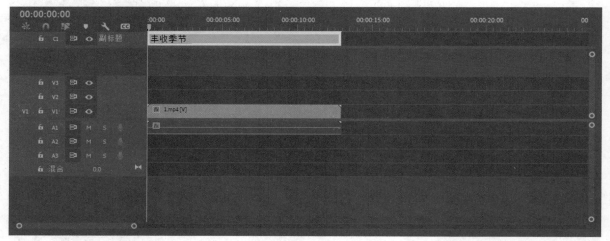

图5-45

图5-46

04 这种开放式字幕的好处就是可以拆分段落，不用一个一个地输入，然后一个一个地将字幕拖进去。单击"拆分区域"按钮 ⇔ ，如图5-47所示。字幕被拆成两段，视频轨道如图5-48所示。

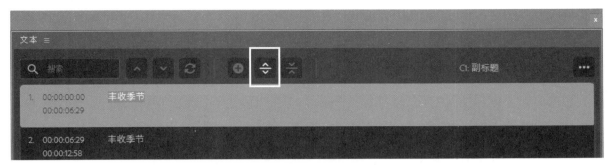

图 5-47

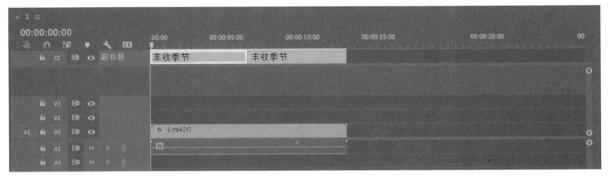

图 5-48

05 在文本输入区将第2段字幕改成"幸福美满",如图5-49所示,视频轨道如图5-50所示。这样就实现了前半段字幕出现"丰收季节",后半段字幕出现"幸福美满"的效果。

图 5-49

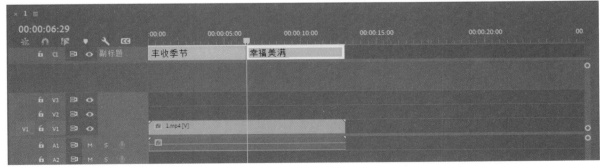

图 5-50

☑ 提示 --- ⟩

利用拆分功能，以及在视频轨道中拖曳字幕素材长度的操作，可以很方便地编辑一些字幕较多的片子，用户可以在"开放式字幕"面板中直接输入所有的字幕，然后根据视频内容进行拆分，调整其出现和结束的时间，非常方便。

对于"开放式字幕"，如果要改变字体属性，需要在"效果"面板中进行。在视频轨道上单击字幕素材，"效果"面板中会出现用于更改字体属性的参数，如图5-51所示。

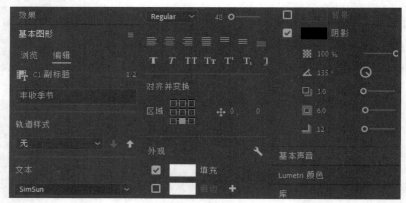

图5-51

<h2>5.3　总结与训练</h2>

本章主要介绍Premiere的音频处理，包含基础操作、音量调整和音频的运动。至于字幕，掌握本章介绍的3种方法即可，分别为直接添加，以及使用"旧版字幕"和"开放式字幕"添加。本章内容较为简单，读者可以使用前面的素材进行音频和字幕的训练。

第 **6** 章

广告展示：环保
公益

对于广告类的单子，基本上按照需求进行剪辑即可，
当然有好的想法也可以跟甲方说。这类视频的处理
流程就是甲方拍摄完视频素材后，剪辑人员按照甲
方想法操作，有些时候甚至用什么转场甲方都想好
了，剪辑人员只需负责操作即可。

本章学习要点

▶ 了解公益广告的制作思路

▶ 了解编排画面的方法

▶ 掌握字幕时长的计算方法

6.1 项目概述

工程文件	工程文件 > CH06 > 广告展示：环保公益
视频文件	广告展示：环保公益.mp4
技术掌握	掌握广告类视频的剪辑方法

广告基本上分为商业广告和公益广告。考虑到读者大部分都是刚入门的新手，这里选择比较简单和直接的公益广告进行讲解，效果如图6-1所示。

图6-1

6.2 整理素材

这是一个环保公益广告，甲方拍摄了6段视频，让我们合成为一段，没有时长要求，广告的文案希望我们提供。

视频素材1如图6-2和图6-3所示，是一家人在户外清理垃圾的画面。

图6-2

图6-3

视频素材2如图6-4和图6-5所示，内容为从背后拍摄一家人清理完垃圾，拿着垃圾袋离开的画面。

图6-4

图6-5

视频素材3如图6-6和图6-7所示，内容为父亲拿着垃圾袋擦汗的特写。

图6-6

图6-7

视频素材4如图6-8和图6-9所示，内容为一个可回收垃圾箱在镜头前，一家人则在后面捡瓶子。

图6-8   图6-9

视频素材5如图6-10和图6-11所示，内容为父亲拿着可回收垃圾的箱子，一家人边走边捡。

图6-10   图6-11

视频素材6如图6-12和图6-13所示，内容为夹瓶子的特写。

图6-12   图6-13

6.3   编排画面

下面进行画面的编排，因为没有时长的规定，所以可以将素材中的重点部分全部保留下来，视情况删除一些次要的画面。

6.3.1   分析素材

在思考文案之前，仔细观看每个视频素材，发现它们之间的联系和区别，这里归纳了3点内容。

第1点：素材1～素材3属于同一画面内容，即一家人使用黑色垃圾袋捡拾垃圾。

第2点：素材4和素材5将可回收垃圾标志作为主要内容。

第3点：素材6是一个捡瓶子的特写。

下面来安排一下内容顺序。

第1个：出现素材1～素材3的故事画面，即一家人捡拾垃圾。

第2个：接上素材6，以一个特写来转入可回收垃圾的画面。

第3个：表现可回收垃圾主题的画面。

6.3.2 剪辑片段

01 根据前面的分析，将所有的视频素材拖曳到视频轨道，顺序是素材1、素材3、素材2、素材6、素材4和素材5，如图6-14所示。整个故事的走向就是"一家人捡拾垃圾→父亲擦汗→收拾完离开→捡瓶子特写→可回收垃圾箱特写→一家人拿着可回收垃圾箱继续边走边捡"。

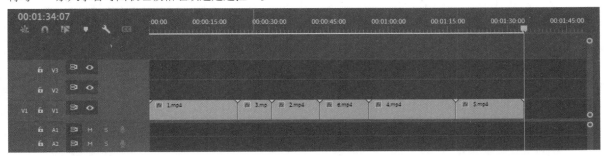

图6-14

✍ 提示 --->

至于每段素材的长度，这里可以配合文案的长度来控制，剪辑好之后还要配音，所以文案的长度和视频的长度是息息相关的。

第1段为"人人参与环境保护，个个争当绿色天使。我们做好榜样，传承环保美德。"因为这一句用慢语速配音，大概需要14秒，那么素材1的片段保留16秒左右即可。

第2段为"乐，始于心。"配音大概3秒，可以留5秒的片段。

第3段为"绿，留于世。"配音大概3秒，也可以留5秒的片段。

第4段为转折，一个捡瓶子的特写，这里可以不配文案，直接用背景音乐，过渡到后面的内容，即一段完整的捡起瓶子的动作，大概需要5秒。

第5段为"垃圾分类要到位，资源回收要做好。"配音大概9秒，留11秒的片段。

第6段为"垃圾要回家，请您帮助它。"配音大概6秒，留8秒的片段。

02 用"剃刀工具" ◆ 分别剪裁出需要的片段，剪裁时要将重点画面留下，视频轨道如图6-15所示。目前一共有50秒左右的广告片段。

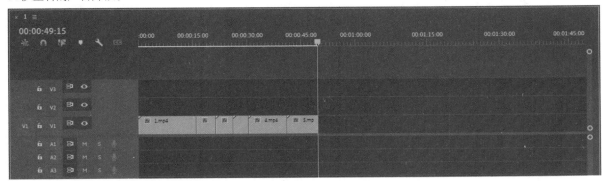

图6-15

6.4 添加转场

　　这些素材片段都是慢放的，配音比较慢和柔，加上是环保主题，所以转场需要"干净"，不能使用过于"花哨"的转场。基于分析可以使用"白场过渡"转场。

01 在"效果"面板中找到"视频过渡>溶解"中的"白场过渡"，如图6-16所示。将"白场过渡"拖曳到每段素材之间，如图6-17所示。

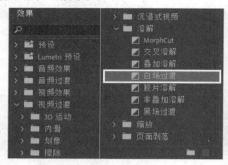

图6-16

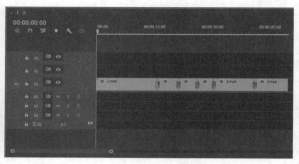

图6-17

02 播放整个广告片段，观察白场效果，如图6-18～图6-20所示。

图6-18

图6-19

图6-20

6.5 添加字幕

01 直接使用"文字工具" T 在"节目"面板中输入文本，文字使用白底黑边即可，"效果控件"面板如图6-21所示。

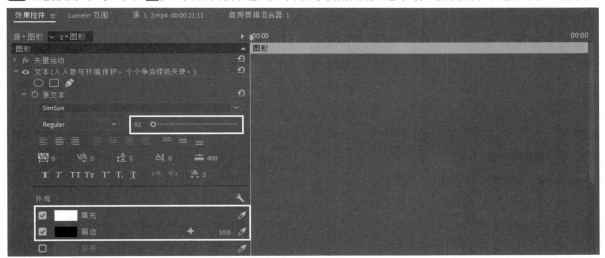
图6-21

02 字幕的出现时长要根据视频素材的时长调整，如图6-22所示，让每段字幕都跟相应视频片段的时长一致。最终效果如图6-23～图6-30所示。

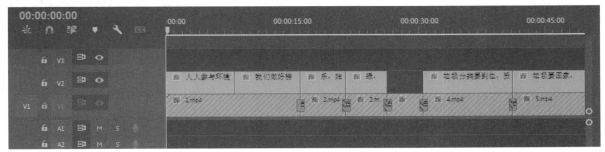
图6-22

图6-23

图6-24

图6-25

图6-26

图6-27

图6-28

图6-29

图6-30

第 7 章

产品展示：端午粽子

一般来说，产品展示视频都是先拍摄再剪辑，但本章项目忽略了拍摄过程，主要讲解剪辑操作。产品展示类视频作为商业广告时，必须要有产品特写，而且整段片子都要突出产品的卖点。

本章学习要点

▶ 掌握文案的设计思路

▶ 掌握编排片段的技巧

▶ 掌握转场效果的添加思路

7.1 项目概述

工程文件	工程文件 > CH07 > 产品展示：端午粽子
视频文件	产品展示：端午粽子.mp4
技术掌握	掌握产品展示类视频的剪辑方法

对于产品展示类视频，要注意这类视频的本质是商业推广，所以对特写镜头（拍摄）、转场的表现尤为重要。本项目效果如图7-1所示。

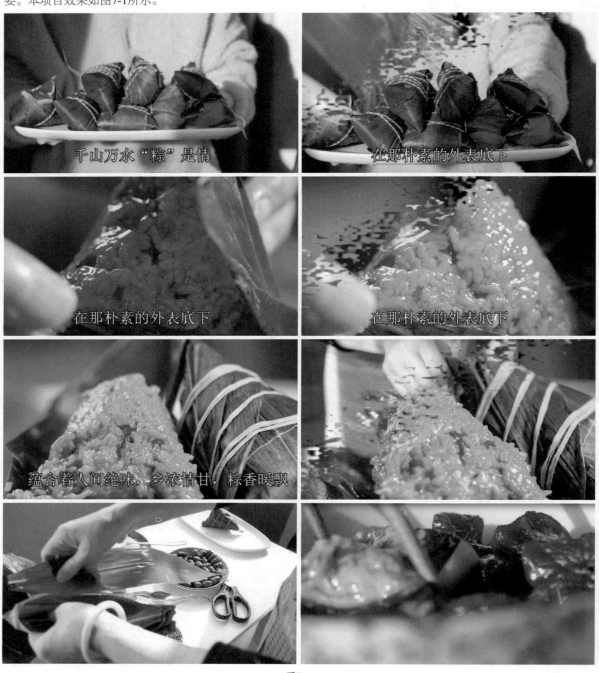

图7-1

7.2 整理素材

客户需要一个粽子的推广视频，提供的素材有4个。视频素材1如图7-2所示，是一个向镜头递来粽子的片段。

视频素材2如图7-3所示，是一个剥开粽子皮的特写片段。

图7-2

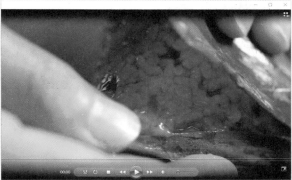

图7-3

视频素材3如图7-4所示，是粽子剥开皮之后馅料的特写。

视频素材4如图7-5～图7-13所示，是包粽子的全过程。这个素材其实包含9个独立的片段，即将整个包粽子的过程拍摄下来后经过精简的片段，其剪辑过程就不描述了。

图7-4

图7-5

图7-6

图7-7

图7-8   图7-9

图7-10   图7-11

图7-12   图7-13

7.3 编排片段

　　将素材1～素材4拖曳到视频轨道中，如图7-14所示。明显可见素材3特别长，但素材3是粽子馅料的特写，商家特别重视，单论一个片子，这段如果给太长时间，的确不适合，但是甲方的要求和感受才是最重要的。因此，在工作中会出现很多情况，你觉得剪得不合理，甲方却喜欢，你觉得剪得很合理，甲方又不喜欢。对于这些，都不需要太过在意，主要是要满足甲方的需求。

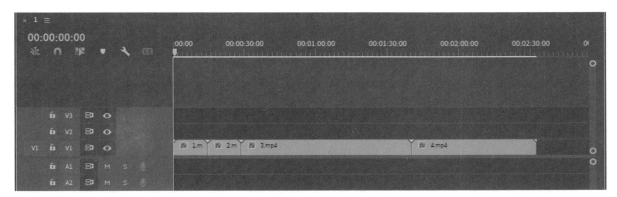

图7-14

7.4 构思文案

现在可以先构思文案，然后再去处理各片段的时长。

01 素材1是粽子递过来的动作，也是开场白，有14秒，用"文字工具" T 配上一句"千山万水'粽'是情"，然后将它剪为5秒左右，保留一个完整的递粽动作，如图7-15所示。

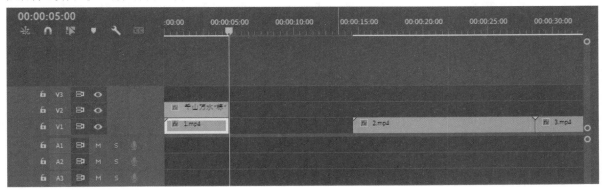

图7-15

02 素材2是撕开粽子皮的片段，可以尽量设置得短一些，因为后面粽子馅料的展示时间会相对长些，这个撕皮的过程不能显得太复杂。这里配上"在那朴素的外表底下"，时长大概3秒，保留一个撕粽皮的动作即可，如图7-16所示。

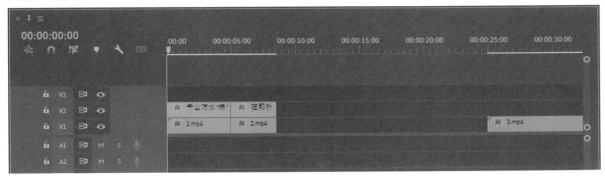

图7-16

03 素材3是粽子馅的特写，这是甲方比较重视的片段，如果刻意保留过长的时间，那么整个画面将会显得很"呆"，即一直展示粽子馅的特写。因此，这里利用长一点的文案、配音去辅助表现这个画面，利用旁白去营造气氛，例如配上"蕴含着人间绝味，乡浓情甘，粽香暖飘"，这段配音也是慢节奏的，大概12秒的画面，如图7-17所示。

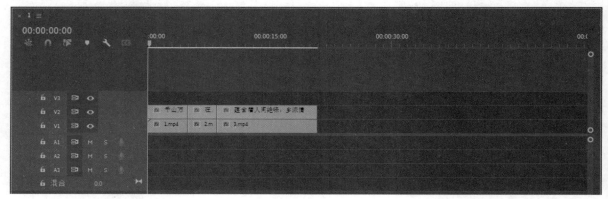

图7-17

04 素材4是一个粽子的制作全过程，这一段不必配字幕，添加合适的背景音乐即可，属于观赏性片段，如图7-18所示。

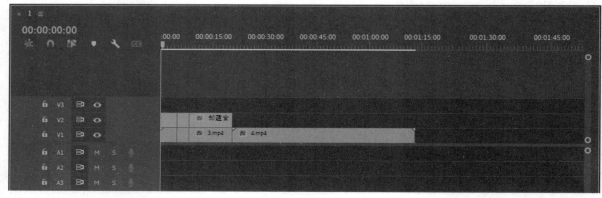

图7-18

7.5 添加转场

01 这里可以使用"渐变擦除"转场，如图7-19所示。将"渐变擦除"拖曳到片段之间，设置"柔和度"为10即可，如图7-20所示。

图7-19   图7-20

02 播放视频，转场效果如图7-21～图7-23所示。擦除时的纹理跟粽叶的纹理有一定的相似性，画面很协调。

03 播放整个视频，效果如图7-24～图7-30所示。

图7-21

图7-22

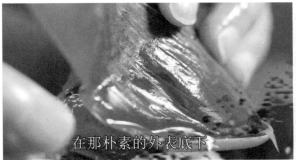

图7-23

图7-24

图7-25

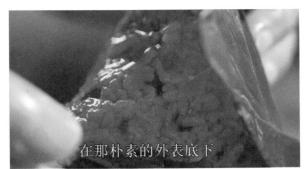

图7-26

图7-27

图7-28

图7-29

图7-30

☑ 提示 -- ⟩

素材4（整个粽子的制作过程）有9个小片段，不加转场的目的是让整个粽子的制作过程不间断，给人舒适的观感。

第 **8** 章

自媒体短视频：广告植入

自媒体短视频的剪辑非常自由，想怎么剪就怎么剪，一切都是为了经营好自己的自媒体账号。它并没有太多的限制，不会受到外部的干扰（甲方限定时间和限定内容等）。因此，本章就不演示普通的自媒体视频剪辑了，主要介绍具有商业性质的自媒体短视频的剪辑，即广告植入类视频。

本章学习要点

▶ 掌握广告的植入方法

▶ 了解商业自媒体短视频的时长

▶ 掌握商业自媒体短视频的制作思路

8.1 项目概述

工程文件	工程文件＞CH08＞自媒体短视频：广告植入
视频文件	自媒体短视频：广告植入.mp4
技术掌握	掌握商业自媒体短视频的制作方法

当自媒体账号运营到一定水平，或者有一定粉丝量的时候，往往就会有商家前来寻求合作，广告植入是常见的自媒体变现方式。本项目为一个健身博主的广告植入案例，效果如图8-1所示。

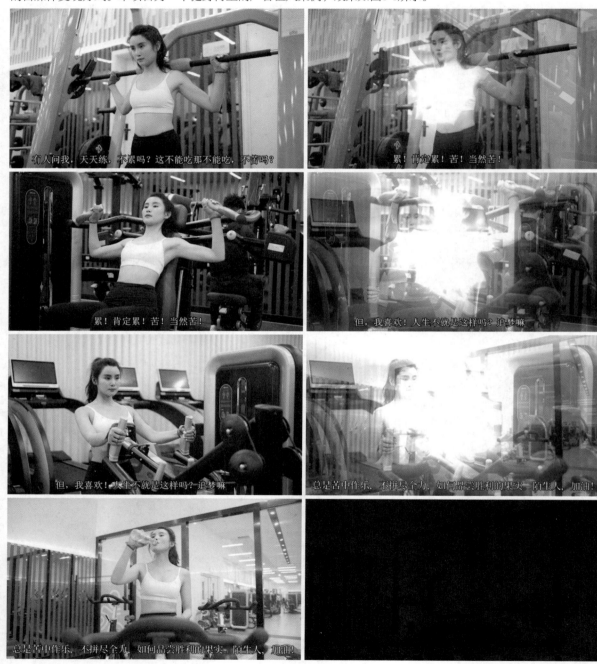

图8-1

8.2 需求分析

假设我们运营的是一个健身类别的自媒体账号，有一个矿泉水商家要我们做一个广告植入。这种类型的短视频跟一般的商品广告是完全不一样的，如果硬生生地做推销（硬广），很可能会引起一些观众的不满，所以商品不能作为视频的主体，而是要找到一个巧妙的切入点，让大家自然地看到这个商品，才不会产生一种刻意营销的感觉。

因为合作方是矿泉水商家，故喝水就是很好的广告植入画面，既不会显得很刻意，同时也能够有充分的时间去展现商品。

8.3 准备素材

这里安排一个励志的小短片，内容为博主在锻炼，分为3个不同的锻炼画面，配上励志独白，锻炼完后加上一个喝水的画面。整体时长最好不超过1分钟，因为投放在短视频平台的作品都应该精简，以比较短的时间呈现优质的内容。

视频素材1如图8-2所示，内容为博主练深蹲的画面。

视频素材2如图8-3所示，内容为博主练肩的画面。

图8-2　　　　　　　　　　　　　　　　　图8-3

视频素材3如图8-4所示，内容为博主练背的画面。

视频素材4如图8-5所示，内容为博主边踩自行车边喝水的画面，矿泉水就是商家提供的，这个画面即广告植入点。

图8-4　　　　　　　　　　　　　　　　　图8-5

8.4 剪辑片段

01 按顺序将素材都拖曳到视频轨道中，如图8-6所示。

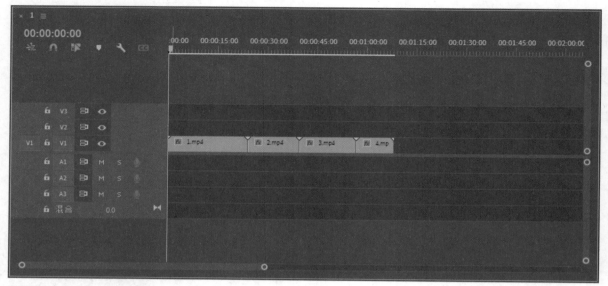

图8-6

☑ 提示 --

　　每段素材的时长都不一样，现在总时长为1分钟以上，很多观众可能没看到商品的出现就"划"走了，所以需要将每一个片段缩短，而且要让整个片子的节奏均衡。因为素材4是广告植入点，所以将素材4的时长作为标准。

　　素材4的时长为11秒，将它剪成10秒，然后将其他3个素材也剪成10秒。这样一个时长40秒的励志短片就定下来了，每个画面都是10秒，节奏会很均衡和舒服。

02 将每个素材截取10秒，如图8-7所示，保持总时长为40秒。因为这里每个素材都是锻炼的动作，且动作都是重复的，所以任意剪取10秒即可。

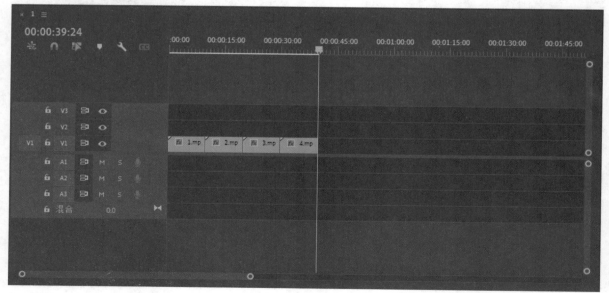

图8-7

8.5 设计文案

01 为第1段素材配上文案"有人问我，天天练，不累吗？这不能吃那不能吃，不苦吗？"，如图8-8所示。

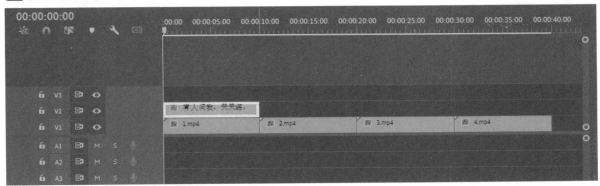

图8-8

02 为第2段素材配上文案"累！肯定累！苦！当然苦！"，如图8-9所示。

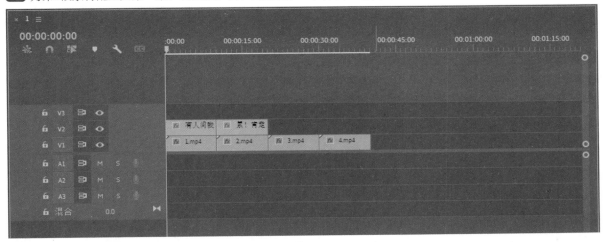

图8-9

03 为第3段素材配上文案"但，我喜欢！人生不就是这样吗？追梦嘛"，如图8-10所示。

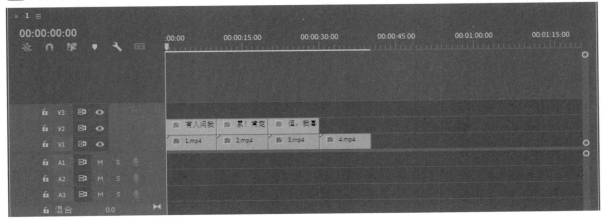

图8-10

04 为第4段素材配上文案"总是苦中作乐,不拼尽全力,如何品尝胜利的果实。陌生人,加油!",如图8-11所示。

图8-11

8.6 添加转场

01 这个视频也算是慢节奏的,所以转场不能用太"急"的,建议使用一些"柔和"的和带故事性的转场。选择"沉浸式视频"中的"VR光线",如图8-12所示。将它拖曳到相邻视频之间,参数保持默认即可,如图8-13所示。

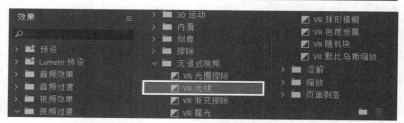

图8-12

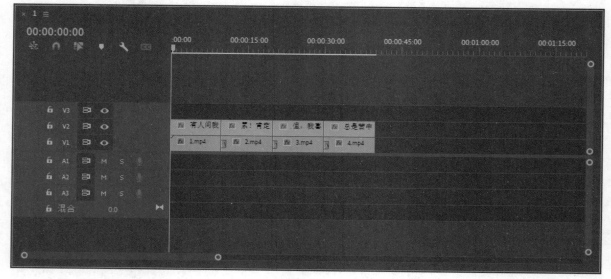

图8-13

02 播放视频，注意观察转场画面，如图8-14～图8-16所示。

03 最后播放整个视频，观察效果，如图8-17～图8-24所示。

图8-14

图8-15

图8-16

图8-17

图8-18

图8-19

图8-20

图8-21

总是苦中作乐，不拼尽全力，如何品尝胜利的果实，陌生人，加油！

图8-22

总是苦中作乐，不拼尽全力，如何品尝胜利的果实，陌生人，加油！

图8-23

图8-24